a Guide to
Solar Radiation Measurement

from sensor to application

UV - Visible - Infrared

气象和环境应用中的太阳辐射测量概述

[德] Reinhold Rösemann（莱因霍尔德·罗斯曼） 著◎
吕 晶 译◎

電子工業出版社
Publishing House of Electronics Industry
北京 · BEIJING

内 容 简 介

太阳辐射是影响气候形成的基本因素。因此，天气观测和天气预报对现代文明及技术进步至关重要。不进行持续的测量和收集天气资料，就无法维持海、陆、空运输和商务活动。不连续监测太阳辐射就不可能预测雪崩和黑冰等危险，从而无法维护我们的生命安全。因此，开发专用的传感器来应对气象和环境应用中的太阳辐射测量是非常必要的。

本书从气象和测量的角度，针对太阳辐射测量领域可用的传感器及其应用领域做了通俗、全面的呈现，规避大多数文献存在的公式繁多、细节晦涩难懂、科学理论深奥等问题，大大方便了不同专业人员对这一特殊领域的总体了解。

本书适合从事新能源、太阳辐射测量领域的工程技术人员、企业管理者等相关人士阅读，也可作为高等院校工程热物理、新能源、光学工程、测控技术与仪器、电气工程等相关专业的教学参考用书。

图书在版编目（CIP）数据

气象和环境应用中的太阳辐射测量概述 / (德) 莱因霍尔德 •罗斯曼著；吕晶译. —北京：电子工业出版社，2019.4

书名原文: a Guide to Solar Radiation Measurement

ISBN 978-7-121-36062-6

Ⅰ. ①气…　Ⅱ. ①莱…　②吕…　Ⅲ. ①太阳辐射—测量—研究　Ⅳ. ①P422.1

中国版本图书馆 CIP 数据核字（2019）第 035512 号

策划编辑：刘志红
责任编辑：刘志红　　特约编辑：黄继敏
印　　刷：北京虎彩文化传播有限公司
装　　订：北京虎彩文化传播有限公司
出版发行：电子工业出版社
　　　　　北京市海淀区万寿路 173 信箱　邮编　100036
开　　本：880×1 230　1/32　印张：5.75　字数：129 千字
版　　次：2019 年 4 月第 1 版
印　　次：2023 年 9 月第 4 次印刷
定　　价：89.80 元

凡所购买电子工业出版社图书有缺损问题，请向购买书店调换。若书店售缺，请与本社发行部联系，联系及邮购电话：（010）88254888，88258888。

质量投诉请发邮件至 zlts@phei.com.cn，盗版侵权举报请发邮件至 dbqq@phei.com.cn。

本书咨询联系方式：（010）88254479，lzhmails@phei.com.cn。

译 者 序

提到莱因霍尔德·罗斯曼先生，我们都知道其在国际传感器行业具有很高的知名度和影响力。在中国传感器行业，也可谓是无人不知、无人不晓。他给人们的印象不仅仅是一位谦虚温谨、和蔼可亲的长者，一位虚怀若谷、品格高尚、乐于助人的老人，更是一个年高德劭、资深望重的传感器专家。他不仅具有深厚的专业背景，同时也有对传感器事业特殊的感悟、执着和情怀。这种情怀不仅体现在他个人的单纯与痴迷，更是体现在其忘我的工作和满怀的激情，以及助人为乐的行为之中。同时，这也为他赢得了在传感器领域的感召力。他把传感器企业当作自己的孩子一样，以他热情和慈父般的心肠抚摸、热爱、呵护、培养。特别是对远隔千山万水的中国企业尤为如此，无私地奉献着他的经验与智慧，给予额外的关注和帮助。很多中国企业在他的帮助下走出了国门，奔向欧洲，走向世界；很多企业在他的精心指导和鼓励下，改变了理念，调整了思路，赢得国际市场的关注与认同。

罗斯曼先生帮助企业的故事，早已在业界传为佳话。他从不计较个人得失，忘我工作。不顾旅途遥远奔波和身体劳顿疲惫，放下行囊，很快投入工作之中，他宽大而豪迈的身影，以及谆谆教导和殷切希望给很多业内同行留下了深刻的印象。杭州麦乐克科技有限公司（简称麦乐克）就得到了罗斯曼先生在产品技术工艺、国际市场交流，以及人才引荐等方面的支撑和特殊的关注与帮助。毋庸置疑，罗斯曼先生在中国传感器产业发展和走向国际的道路上留下了浓墨重彩的一笔。这不仅丰富了他自己的人生，也谱写了行业绚丽的篇章。

罗斯曼先生出生于 1943 年，教授，全球知名电子工程师及通信技术工程师，1968—1995 年任德国 HBM 集团项目工程师，首席执行官，公司总裁，董事会主席。1996—2003 年任 Kipp&Zonen B.V 总经理。2000—2002 年任德国传感与测量技术专业协会（AMA）副主席。2002—2012 年任德国传感与测量技术专业协会主席。2012—2018 年任德国传感与测量技术专业协会名誉主席，是欧洲知名的传感技术专家，编写了多部物联网传感技术著作，并被翻译成多种文字，影响力遍及全球。

我与罗斯曼先生相识于 2008 年的春天，那时麦乐克正开始布局海外市场，时任德国传感与测量技术专业协会主席的他热情邀请麦乐克加入 AMA，有幸使麦乐克成为其第一家中国会员。AMA 主办的 SENSOR +TEST 每年吸引八百余家展商，一万余名专业观众参加，是全球最具影响力的传感器专业展会之一。2010 年，在罗斯曼先生的帮助下，麦乐克在德国成立了欧洲办事处，公司向全球化迈出了坚实的一步。

罗斯曼先生对中国企业和人民非常友好，数次来中国参加会议，走访企业。2013 年，在先生的极力推动下，首届国际物联网传感技术高峰论坛在杭州举办，此后，高峰论坛每年举办一届，至今已成功举办了六届，成为业界具全球影响力的盛会之一，有力地推动了中国物联网传感技术的发展。

罗斯曼先生待人热情，对事业执着追求，对生活热爱有加，他是一个健谈、乐于分享、极具人格魅力的人。每当回想起我去德国时，他一个 70 多岁的老人多次独自开车几千千米来国际机场接我，安排和陪同我访问商业伙伴，并带我参观沿途的德国历史文化、自然风光、民族风情；回想起他不远万里来到中国指导麦乐克传感器发展与战略发展时，我心里总会升起怀念和感动之情。而今，他慈祥的微笑，热情的言语时时会浮现在我的眼前。

本书是一部业内熟知，用于气象领域针对太阳辐射检测技术专业的技术图书，也是对倍受尊敬的罗斯曼先生逝世一周年的特别纪念。

众所周知，太阳辐射检测是一门综合光学、电子、气象等学科的综合技术，涉及专业知识较广，国内尚缺少通俗易懂的供专业人士阅读的相关书籍。2016 年，我受作者罗斯曼先生的委托，将此著作《气象和环境应用中的太阳辐射测量概述》（已出版了德文版、英文版）译成中文，历时二年反复斟酌和修改，今天终于与大家见面了。本书从气象和测量的角度针对太阳辐射测量领域可用的传感器及其应用领域做了通俗和全面的介绍，适合不同专业希望对这一特殊领域有所了解的人员。

罗斯曼先生的著作《气象和环境应用中的太阳辐射测量概述》终于译成中文在电子工业出版社出版，以此纪念我尊敬的师长、亲密的伙伴、永远的朋友；感谢罗斯曼先生为中德传感事业的交流与发展呕心沥血、殚精竭虑，为中德企业和人民友好交流与合作做出的巨大贡献。

同时十分感谢麦乐克团队、九三中央科技委副主任郭源生先生及浙江大学李海峰教授在翻译过程中给予的大力支持！

吕　晶

2019年3月于杭州

目录

第1章

序

在工作中涉及气象领域辐射传感器和相关测量方法的人们，经常会面对和该专题相关的大量文献，而这些文献的细节大多晦涩难懂，科学理论深奥。通常情况下，这些文献充斥着公式，有时甚至含有自己动手搭建的传感器的说明书，而实际上这些信息只有科学家或者有竞争力的制造商才会感兴趣。

来自其他专业的人有时只是为了寻找适合他们测量应用的传感器，在查阅这些文献时，很容易感到困惑。另一方面，为了了解其相对重要性，有必要提供尽可能多的关于传感器及其在气象学中应用的信息。这就是本书没有提到公式或构造细节的原因。通读本书，读者将从应用和测量的角度对这一特殊领域有一个总体了解。

更具体的信息，可以在制造商提供的数据手册和操作手册中找到。为了增加对这个专题的了解，建议读者交叉参考相关技术文献。

最后，我要感谢在完成本书的创作中给我支持的所有人。

莱因霍尔德·罗斯曼（Reinhold Rösemann）

第2章

引　言

“太阳辐射对我们有什么影响？”——这是一个很难回答的问题。

首先，我们必须考虑太阳发出和到达地球的辐射类型。

其次，需要分别看待辐射的直接和间接影响。

直接影响是指对我们的身体有直接影响。当我们躺在阳光下的海滩上时，我们会觉得舒适和温暖，但晒伤有时会带来疼痛，这是我们可以体验的两个截然相反的效果。但是，还有更多的直接效应并不那么明显，它们在一些情况下，可能是有益的，但在其他情况下，可能是有害的。

可见光和一定量的紫外线辐射对我们的健康至关重要。可见光可以激活我们皮肤中的维生素 D，维生素 D 的缺乏会导致佝偻病。对皮肤而言，紫外线辐射是必须的，它可以用于治疗皮肤疾病，如牛皮癣和痤疮。

当辐射超过一定限度时，人体将有严重的过敏反应，最常见的伤害是晒伤。众所周知，过度暴露于紫外线辐射下可能会导致皮肤癌、黑色素瘤或者眼睛出现疾病。

辐射还有很多不那么显而易见的影响。

人类、动物、植物和我们的环境不仅受到辐射的直接影响，而且还受到间接影响。间接影响非常多，首先必须意识到，如果没有太阳辐射，我们想在这个星球上生活是绝对不可能的。间接影响来自我们吃的食物、喝的水和呼吸的空气。

太阳辐射影响天气。“天气”一般定义为大气的短期物理状况。然而，天气由非常复杂且相互影响的现象决定，这些现象长期影响当地的气候，乃至全球的气候。

太阳发出这么大的能量，我们作为人类，几乎无法理解其实际功率的大小。当这些巨大的能量导致空气和水蒸气运动时，就会造成极端的天气条件，如可怕的风暴和洪水，我们可以感受到它的威力。

因此，天气观测和天气预报对现代文明及技术进步至关重要。不进行持续的测量和收集天气资料，就无法维持海、陆、空运输和商务活动。不连续监测太阳辐射就不可能预测雪崩和黑冰等危险，从而保护我们的生命安全。

为了实现这一目标，开发专用的传感器来应对这些复杂的测量是非常有必要的。获取这些测量数据需要不同的方法，本书旨在概述目前市场上可用的传感器及其应用领域。

第3章

太　阳

太阳是太阳系的中心，它为我们这个星球供应能量。太阳发出的能量直接或间接地让地球上的生命得以生存。太阳由71%氢气、27%氦气和2%固体物质组成。中心温度约为1 600万摄氏度，其核心核反应区的直径几乎占其直径的四分之一，约为139.2万km。太阳的质量大约是地球的33.2万倍。

太阳发射的能量是3.72×10^{20}MW，这相当于其表面辐射功率为每平方米63MW。地球和太阳的平均距离约1.5亿km，即1天文单位，地球位于日地平均距离处，在大气层外，垂直于太阳辐射束平面上形成的太阳辐照度称为太阳常数（E_0）。1982年世界气象组织使用的太阳常数为1 367 W/m^2，美国宇航局在2008年的测量值为1 360.8±0.5W/m^2。

每年1月4日左右，地球到达距离太阳最近的点（近日点，约1.475亿km）。6个月后，即7月4日左右，地球到达距离太阳最远的点（远日点，约1.526亿km）。这意味着，由于距离不同，1月到达地球大气层的直接太阳辐射比7月强6.6%（如图3-1所示）。

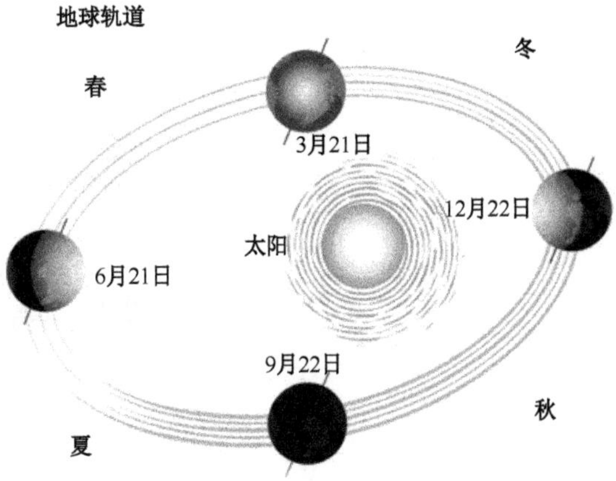

图 3-1　地球围绕太阳的轨道

太阳处于目前这种演化阶段已经约 45 亿年。它仍然有足够的燃料（氢）进行核聚变反应，使其以这种状态再维持 45 亿年。

第4章

大 气 层

地球大气层对到达地面的太阳辐射强度有很大的影响。大气层高度约 70～80km，主要由氮气（约 78%）和氧气（约 21%）组成，大约十几种其他气体和水蒸气一共只占 1%，但它们对气候和环境的影响很大，例如，“温室气体”甲烷和二氧化碳。

地球大气层分为五层，按照图 4-1 所示的具体术语进行分类。

底层被称为对流层，对流层的高度大于 10km，对流层顶部是多云层。对流层顶部是对流层与平流层之间的边界，对流层顶部的高度在 11km 和 16km 之间，这取决于地球上的位置和大气条件。

平流层由于空气湿度非常低，几乎无云。平流层以上是中间层，从地面以上约 50km 的高度开始。中间层的上方是电离层，也被称为热层，高达 640km。电离层以外是散逸层，为大气层的最外边界，高达 9 600km。外逸层外为太空。

大气层总质量的一半位于地面以上 5 到 6km。大气层外的太阳辐射通过大气层时，空气分子、气溶胶颗粒、云中的水滴和冰晶会引起散射和吸收，使辐射降低。

图 4-1 大气层

太阳辐射的散射发生在整个光谱范围内。可能发生的散射方式有以下几种：

① 云层中水滴和冰晶引起的散射，相对均匀地分布在整个光谱范围；

② 分子散射（瑞利散射），主要分布在短波范围；

③ 气溶胶颗粒散射（米氏散射）的波长取决于颗粒尺寸和分布。

大气层的散射和吸收对到达地面的太阳辐射光谱有很大影响。

图 4-2 显示了理想大气条件下，海平面上太阳辐射的典型光谱。

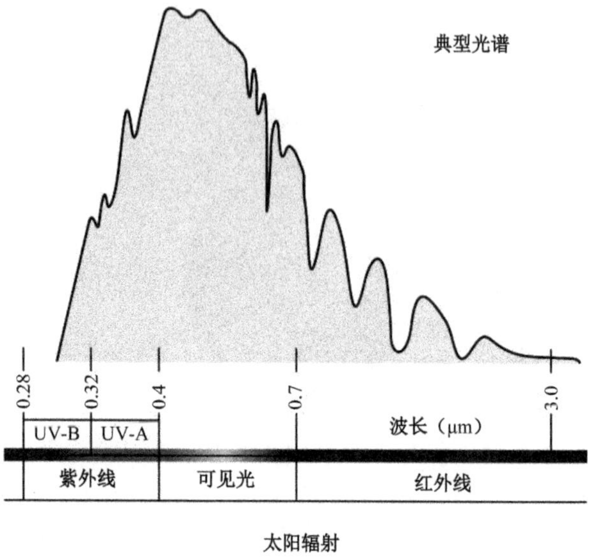

图 4-2　海平面上太阳辐射的典型光谱（理想大气条件下）

大气中的气压和温度的变化会影响对太阳辐射的吸收，从而影响海平面及海平面以上不同高度的光谱。

第5章

地　球

地球赤道直径 12 756km，周长 40 076km，70.8%的地球表面被水覆盖。

太阳向地球表面提供超过 99.98%的能量，这导致地球表面平均温度为 14℃。虽然局部地区或某段时间可能出现极端情况，例如利比亚最高测量温度为 57.3℃，南极洲最低温度为 −89.2℃。

由于地球的自转和公转，太阳辐射的入射角度不断发生变化。辐射强度和入射角度的比值可以用余弦函数描述，也称为朗伯定律（太阳辐射角度示意图如图 5−1 所示）。

到达地表的辐射量和类型主要取决于大气特征变化，另一个重要因素是地球的大小及其在太空中的位置。但被地球吸收或反射的辐射量关键取决于地表组成。

由图 5−2 可以看出，地轴 23.5° 的倾角对某个位置接收的太阳辐射也是有影响的，主要影响了一天中不同时段太阳辐射入射角度的变化。

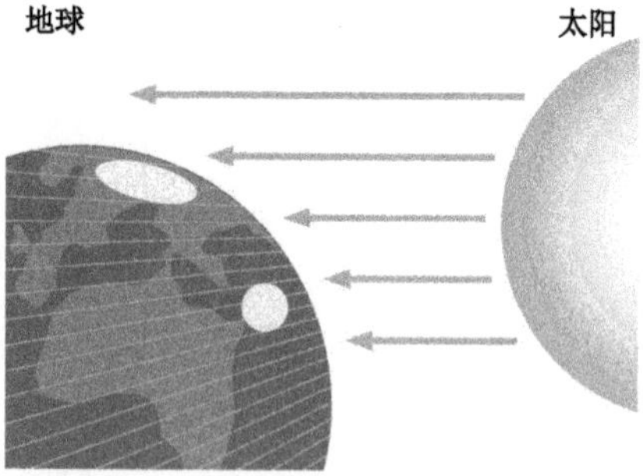

图 5-1　太阳辐射角度示意图

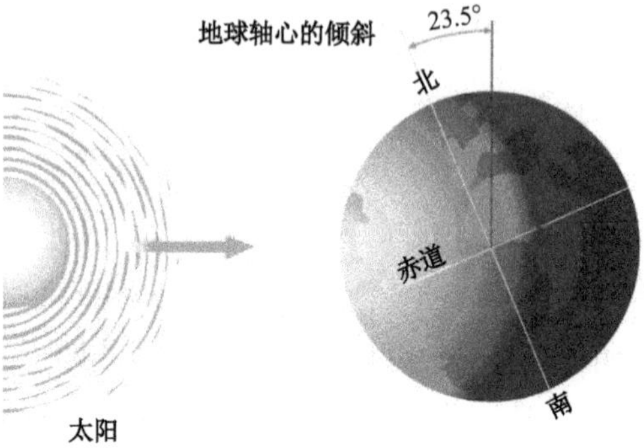

图 5-2　地球轴线倾斜

地球不是一个扁平的圆盘，它几乎是球形的，并通过万有引力把大气层像壳一样吸附在表面。因此，地表上某点的太阳辐射强度受到表面的曲率和大气有效厚度的影响。

当太阳处于天顶位置，太阳辐射的入射角度是 90°，大气层厚度最小，此时的太阳辐射强度最大。太阳位置越低，辐射必须穿过的大气层就越厚，更多的辐射被大气散射和吸收，到达地面的辐射就会越少。

大气层的有效厚度称为大气深度，太阳在地平线的大气深度大约比在天顶位置深 11 倍，如图 5-3 所示。

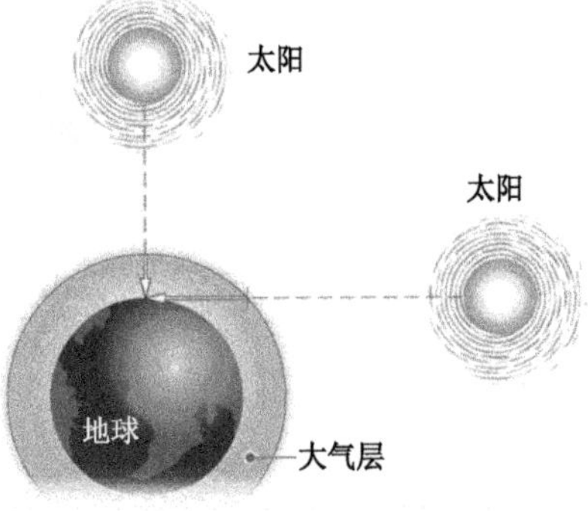

图 5-3　大气深度

太阳辐射效果也受地表组成的影响。不难理解，覆盖着雪的表面比覆盖着树木或黑色岩石的表面能反射更多的辐射。被表面反射的太阳辐射与入射太阳辐射的比值称为“反照率”。

第6章

太阳辐射

太阳发散出的辐射具有很宽的波长范围和不同的光谱能量。在大气层上边界的太阳电磁辐射被称为“外太空辐射”。整个光谱的平均积分能量是 1 367 W/m^2（太阳常数）。

在我们肉眼看来，太阳是又小又遥远的（视场角为 32°）。因此，到达地球表面的辐射光束几乎是平行的。太阳辐射和大气辐射波长常用纳米（nm，10^{-9}m）来表示，如表 6-1 所示。

表 6-1　太阳辐射和大气辐射波长

短波	短波灭菌紫外线（UVC）	200～280nm	全部被大气层吸收，不能到达地球表面
	中波红斑效应紫外线（UVB）	280～315nm	90%被大气层吸收，具有生物效应，导致人体皮肤晒伤
	长波黑斑效应紫外线（UVA）	315～380nm	绝大部分能到达地面，生物效应不强
	可见光（Vis）	380～780nm	从紫色到红色的可见光（彩虹颜色）
	近红外（NIR）	780～3 000nm	太阳热辐射
长波	远红外（FIR）	3 000～50 000nm	大气、云层、地球和建筑物的热辐射

气象意义上的光谱范围是 300～3 000nm，大约 96%的地外辐射都位于这个光谱范围内。太阳光谱的最大辐射强度发生在 500nm，接近可见光范围的蓝端。

完整的光谱包括紫外光（UV）、可见光（Vis）和红外光（IR）频率。然而，这些频率范围需要根据各自的应用领域再进行细分。例如，著名的可见光光谱颜色是彩虹颜色，红外光分为近红外光（NIR）和远红外光（FIR）。

紫外光通常分为 UVA、UVB 和 UVC 辐射。到达地球的太阳辐射中，大约 6%是紫外光。频率越高（波长越短），辐射能量就越高，对生物和化学系统的影响也就越大。

穿过大气层的太阳辐射的衰减由以下过程引起。

① 紫外波段

分子和气溶胶粒子散射，臭氧、二氧化硫、二氧化氮和其他微量气体的吸收。

② 可见光波段

分子和气溶胶粒子散射，气溶胶粒子、臭氧和其他微量气体的少量吸收。

③ 红外波段

水蒸气和气溶胶粒子的吸收，散射较少。

由于 UVC 的波长更短，所以几乎完全被大气中的臭氧吸收了。在这个过程中，新的臭氧（O_3）也同时产生。因此，臭氧可以作为紫外线辐射的过滤器。臭氧的过滤效应随着波长的缩短而增加。几乎所有的 UVA 都到达地表，近 90%的 UVB 及所有的 UVC 被臭氧吸收。

大气臭氧含量的变化对 UVB 的影响特别大，增加臭氧层意味着 UVB 到达地面的量减少。反之，减少臭氧层意味着UVB 到达地面的量增加。

太阳辐射是大气、地面和海洋中许多化学、生物和物理现象的成因。

太阳辐射到达地球表面的一个主要影响是地球变暖，这对我们的生活至关重要。30%的地外辐射被反射回太空，51%的地外辐射被陆地和海洋吸收，19%的地外辐射被云层和大气吸收，陆地、海洋、云层和大气吸收能量后对外辐射长波远红外光。最后，只有少量的太阳辐射能量留在地球上，这些能量维持了地球上所有的生物活动和气象变化。地球能量图如图 6-1 所示。

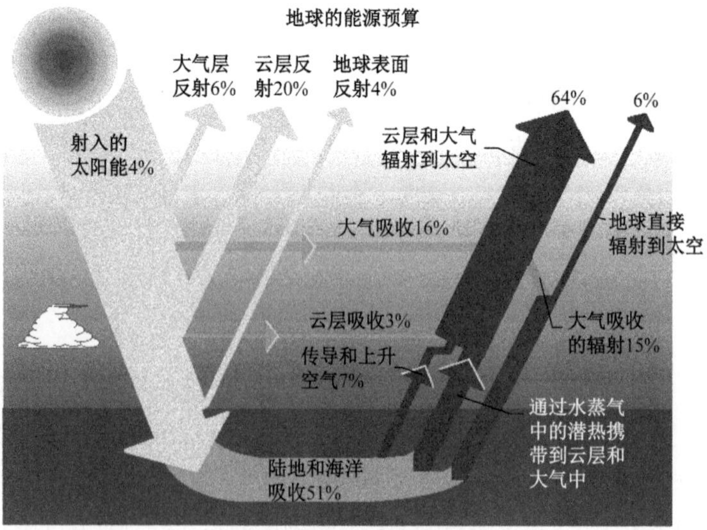

图 6-1 地球能量图

当然，这种能量反射和再辐射会影响大地和大气之间的能量平衡，这种能量平衡反过来影响了气象条件和其他过程，例如，植物的生长。

我们对生存环境和生活方式的日益关注，以及对更高作物产量的渴望，使我们有必要获得入射和反射辐射的精确信息。因此，掌握不同波长的辐射强度分布至关重要。

现在，测量太阳辐射在许多应用领域是非常重要的，如气候学、气象学、水文学、污染预测、太阳能、农业和材料测试等领域。

气候学和天气预报领域的太阳辐射测量是我们这个世界许多日常活动的重要组成部分。如果没有这些测量，我们的生活将无法运转。例如，这些测量对于航运和航空来说必不可少。

近年来，太阳辐射测量在材料测试领域也变得越来越重要。

在这些应用领域内，有必要获得关于能量的定量信息，例如，总辐射强度和紫外线辐射（UVA 和 UVB）的详细信息，这对许多应用都是特别有意义的。

第7章

气象测量

天气预报和气候学领域的气象测量已经开展了几个世纪。然而，只有对中期和长期的大气状态进行统计记录，获得的数据才能进行评估和解释。

现在，这些数据主要是从地面附近的大气测量和观测中收集而来的，没有这些数据，地面、空中和海上的交通和通信将无法维持。气象测量领域的主要气象参数包括：

- 风速和风向；
- 空气温度；
- 空气压力；
- 空气湿度；
- 降水量；
- 雾霾和空气中的成分；
- 太阳和地球辐射。

这些气象参数对于空气污染、雪崩预警、太阳模拟、可再生能源等问题具有重要意义。例如，只有同时获得各个气象参数，才能对气体排放测量进行评估和解释。

靠近地面的大气结构对当地的气候极为重要。了解太阳辐射、空气湿度和空气温度是评估空气中污染物化学反应的必要条件。

所有气象测量都受短期变化的影响，这些短期变化通常是由大气湍流引起的。所有气象测量都受到太阳辐射的直接或间接影响，这就导致了典型的日或年的变化趋势。

为了能够对这些典型的趋势进行评估，需要计算出在几分钟内实际测量值的平均值。对于一些气象测量，很容易理解它们的日常循环。例如，温度循环通常是一个简单的曲线，在日出后不久出现最小值，在午后达到最大值。

可以从气候地图集中获取全国范围内的测量空间分布，但局部地区的细节通常必须单独测量。

一个气象测量的年度周期可以通过日常测量来确定，一个气候区的平均年周期需要通过至少 30 年的测量才能确定。

当然，气象测量必须在室外进行。这意味着传感器和附属的电子设备将不得不适应当地的气候条件，况且有些地方的气候条件可能非常恶劣。

在靠近地面的大气中，辐射值的时间和空间特征受地表成分的影响。

以下是对位置的辐射产生影响的因素：

- 地球上的位置；
- 日期和时间；
- 云；
- 雾；
- 雨；

- 地平线收缩；
- 空气污染；
- 反照率。

由于上面提到的物理影响，在许多应用领域，仅仅测量“总辐射”是不够的，有时也有必要测量来自太阳的“直接辐射”和其他物质的“散射辐射”（不是直接来自太阳），可能还需要知道输入和输出的“辐射平衡”。

如前所述，在到达地面之前，太阳辐射会受到大气层及其物理特性的影响。一些基本参数包括不同波长的吸收，以及不同反射特性的物质的表面反射，如水、冰、雪、石、地或林地。

正是这些不同的现象，使得开发适合各自复杂测量任务的特殊传感器成为必要。在开发传感器时，必须把不同的波长范围（短波和长波）、大气和地面的特性考虑在内。

为了能够开发出合适的传感器，必须事先确定要测量的气象参数及其定义。

注意：在术语表中可以找到进一步的解释。

短波光谱范围内的测量参数：

- 太阳直接辐射　　S
- 天空散射辐射　　H
- 总辐射　　$G=S+H$
- 反射总辐射　　R

长波光谱范围内的测量参数：

- 大气辐射　　A
- 地面发射　　E

因此，在整个光谱中，辐射平衡的测量值是接收和返回辐射的差值：

辐射平衡 $Q=S+H-R+A-E$

此外，还有以下几个重要参数：

- 短波辐射平衡 $(S+H)-R$
- 反照率（反射系数） $R/(S+H)$
- 长波辐射平衡 $A-E$
- 向下总辐射 $S+H+A$
- 向上总辐射 $R+E$

这些基础测量参数代表了最重要的辐射气候学参数，下述传感器已经被开发出来用于测量这些参数，见图 7-1～图 7-7。

（1）太阳直接辐射

传感器：太阳热量计

光谱范围：300～3 000nm

视场角：<5°

必要的配件：太阳跟踪器

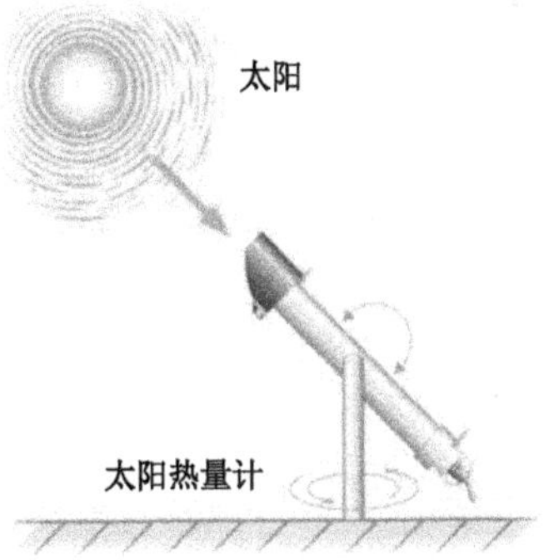

图 7-1 太阳直接辐射

（2）天空散射辐射

传感器：日射强度计

光谱范围：300～3 000nm

视场角：180°

必要的配件：遮光设备

遮光环

太阳跟踪器/遮光球

太阳跟踪器/遮光带

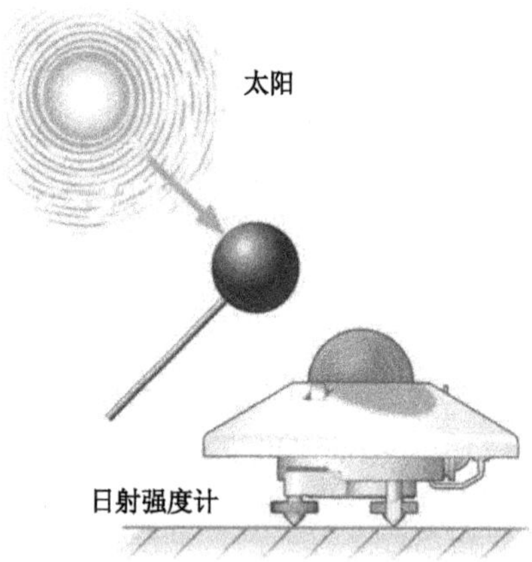

图 7-2　天空散射辐射

（3）总辐射

传感器：日射强度计

光谱范围：300～3 000nm

视场角：180°

必要的配件：无

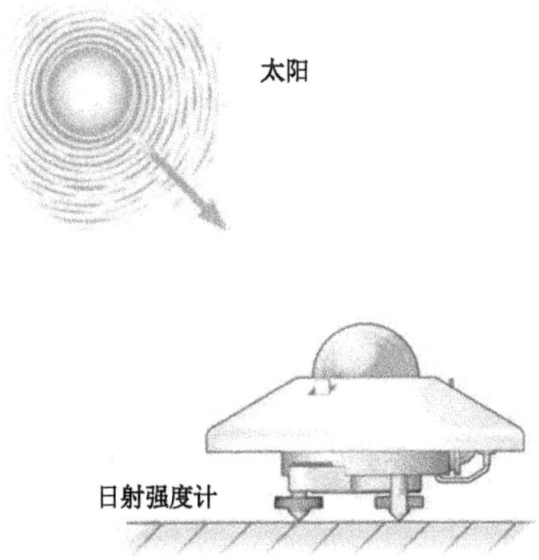

图 7-3 总辐射

（4）反射总辐射

传感器：日射强度计

光谱范围：300～3 000nm

视场角：180°

必要配件：防眩罩，以阻挡低角度非反射性辐射。

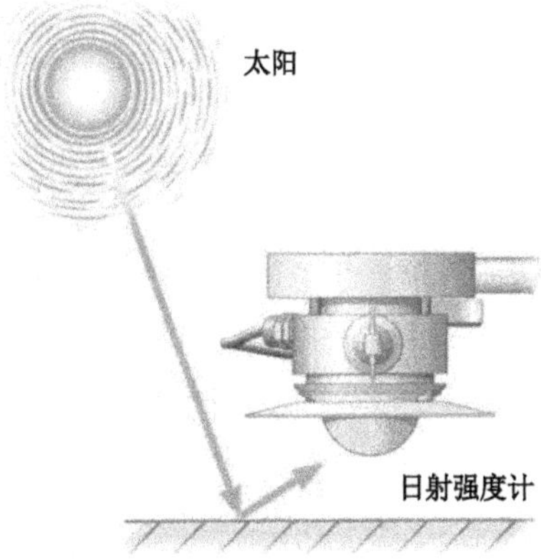

图 7-4 反射总辐射

（5）大气逆辐射

传感器：日射强度计和地面辐射强度计

光谱范围：300～50 000nm

视场角：180°

必要的配件：无

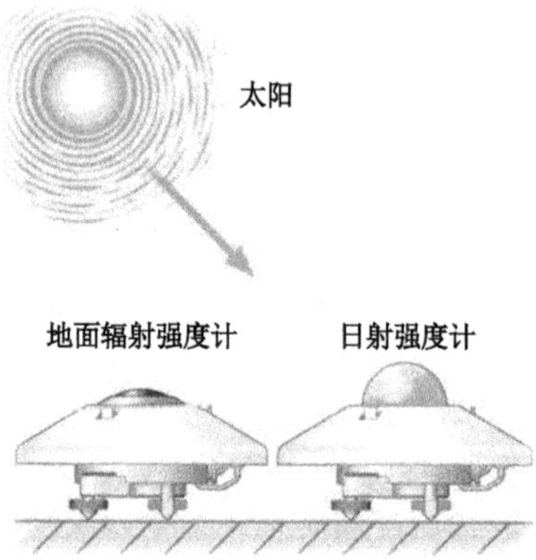

图 7-5　大气逆辐射

（6）地面反射

传感器：日射强度计和地面辐射强度计

光谱范围：300～50 000nm

视场角：180°

必要的配件：防眩罩，以阻挡低角度非反射性辐射。

（7）辐射平衡

传感器：净辐射仪（2 个日射强度计和 2 个地面辐射强度计）

光谱范围：300～50 000nm

视场角：180°

必要的配件：为面朝下的探测器配置的防眩罩，以防止低角度非反射性辐射。

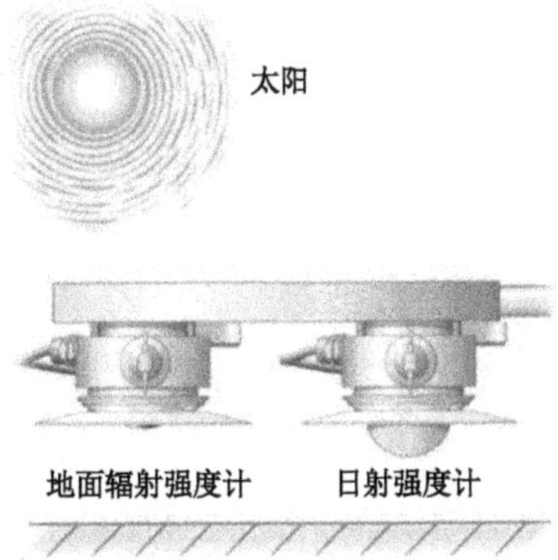

图 7-6 地面反射

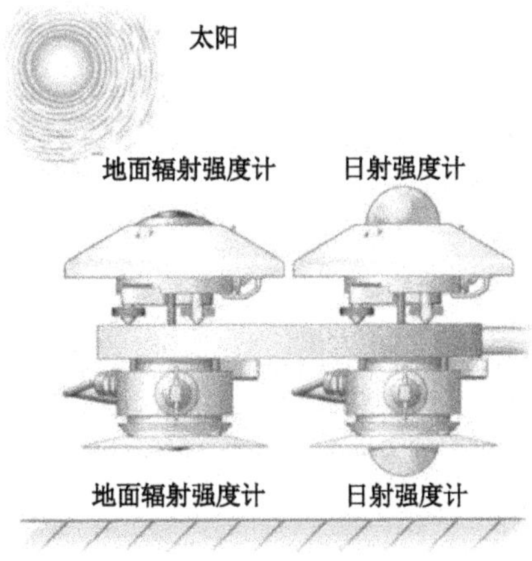

图 7-7 辐射平衡

所有这些气象测量参数或它们的组合，对于天气预报、气候学，以及前面提到的其他工作都是必不可少的。

为了监测和减少空气污染，需要按照国家制定的排放和空气质量评价标准进行测量，这些测量称为“环境测量”。这种环境测量包括对总辐射、太阳直接辐射和辐射平衡的测量。总辐射和太阳直接辐射的测量数据及光谱成分数据，有助于确定空气中气体和气溶胶粒子的数量，并提供有关空气中光化学形成二次杂质的信息，辐射平衡测量提供了关于这种污染的垂直交换和扩散的信息。

太阳辐射传感器的另一个应用领域是环境模拟，在“人造太阳”下测试太阳对材料的影响。为了缩短测试时间，通常使用高强度的人工辐射源，这种光源的辐射度远超过 1 367W/m^2（太阳常数）。用于这些目的的传感器应该能够测量辐射水平高达 2 000~4 000 W/m^2 的辐射。

环境测量和环境模拟正在拓宽太阳辐射传感器的市场。

第8章

测量原理

在了解被测物理量之前，有必要先了解测量的过程。

这个过程包括：

① 物理量（被测量）的获取和描述；

② 将被测量分配给基本量（相对值）。

需要两个主要的先决条件：

① 必须对被测量进行明确规定；

② 基本量必须通过协议建立（通常通过国际公约）。

基本量和基本单位通常由国际公约来确立，国际单位制（SI）定义了 7 个基本量及基本单位，它们之间相互独立，见表 8-1。

表 8-1　7 个基本量

基本量	基本单位	符号
长度	米	m
质量	千克	kg
时间	秒	s
电流	安培	A
热力学温度	开尔文	K
物质的量	摩尔	mol
发光强度	坎德拉	cd

另外，国际单位制（SI）有 2 个辅助量和辅助单位，见表 8-2。

表 8-2　2 个辅助量

辅助量	辅助单位	符号
平面角	弧度	rad
立体角	球面度	sr

所有其他被测量和测量单位都可以从基本量和辅助量，以及基本单位和辅助单位推导出来。因此，测量过程可以描述为将被测量与基本量和辅助量相关联的过程。

质量是唯一一个以物体来定义的基本量，它等于国际千克原器的质量。国际千克原器被存放在国际计量局（BIPM）位于巴黎郊区总部储藏室的保险箱里。从 1889 年起，国际千克原器只被拿出来过 3 次，用于清洗和称重。最近一次是在 1988 年和 1992 年之间，发现其质量变化了 23μg，这主要是因为微观表面污染和磨损。

目前有 80 件国际千克原器复制品，其中只有 6 件是官方认可的，被国家标准机构作为工作标准或参考标准。然而，将温度等被测量与工作标准或参考标准进行比较是不可行的。在这种情况下，只有当涉及“物体”或“材料”这些技术特征时，才有可能给出一个基准点。

当面对辐射时，这就变得更加困难了，因为代表“总辐射”的参考标准不存在。因此，在辐射测量领域，“校准”更具挑战性。因为在这一领域，传感器制造商没有基本的校准基准或原始标准。

在大多数情况下，太阳在天空无污染时可以作为气象测量的默认基准。为了与太阳校准分离，大多数传感器制造商使用校准过的辐射源，如灯泡、聚光灯等。然而，在使用这些标准源时必须充分考虑环境条件，以避免任何干扰，这时必须采取预防措施。

在现代传感器中，被测物理量先转换成电信号，然后通过电信号计算出实际测量值。光学辐射参数可以转换成不同的物理参数，例如红外辐射转换成热效应，如表 8–3 所示。

表 8-3 太阳辐射转换

输出	物理效应	应用
热	吸收导致温度升高	日射强度计 太阳热量计 地面辐射强度计
电	光电效应	照度计 光合有效辐射传感器 硅–日射强度计
光	荧光元件波长转换	紫外线传感器
分子	乳液中的化学变化	照相纸

以下术语有助于理解传感器的测量原理，并可以用来定义测量过程。

测量设备/测量系统

包括所有组件，如传感器、信号放大器和指示器，以确定测量值。

被测量

作为测量对象的特定量。

测量信号

传感器的输出值（通常为一个电信号），测量系统内表示被测量的一种信号。

指示器

模拟设备的测量值由刻度盘上的指针来指示。

数字设备的测量值由显示器来指示。

指示范围

测量单元的指示范围是测量值可以被读取的范围。

测量范围

使计量器具的误差处于允许极限内的一组被测量值的范围。

测量值

在指示器上显示的值，或通过输出信号确定的值。

测量原理

测量的物理基础。

测量方法

指测量时所采用的测量原理、计量器具和测量条件的综合，亦即获得测量结果的方式。

测量误差

测量值和真实值之间的差异。

真实值由一个绝对没有误差的测量工具给出。

传感器和测量装置在测量物理量时应该尽量避免误差和干扰。不同类型传感器的概念提出和发展在这里起着重要的作用，但在各种环境条件下，传感器和测量单元的专业选择、应用和维护对测量结果产生了很大的影响。

世界气象组织已经确定了用于测量太阳辐射强度的传感器的设计，我们可以通过光谱范围、应用、视场角来区分传感器，测量太阳辐射的重要传感器参见表 8-4。

表 8-4 测量太阳辐射的重要传感器

传感器类型	光谱范围	应用	视场角
日射强度计	300～3 000nm	太阳总辐射测量	<180°
太阳热量计	300～3 000nm	太阳直接辐射测量	≈5°
地面辐射强度计	4.5～50μm	远红外辐射测量	<180°
净辐射传感器	300～3 000nm 4.5～50μm	太阳总辐射测量	每个传感器<180°

表 8-4 中所列的传感器输出测量信号，这些测量信号通过各自的传感器标定因子转换成太阳辐射照度，测量单位为 W/m^2。

本书在后面还会介绍其他传感器类型，它们的测量原理大都相同，有两个例外是日照时数传感器和紫外线传感器。

第9章

辐射传感器原理

热电原理

大多数宽带传感器将太阳辐射参数转换成电信号，通常长波辐射和短波辐射被黑色涂层表面吸收，并转换成热能。高质量的传感器，其黑色涂层表面的吸收率高达99%，这使得入射辐射测量几乎不受波长的影响。在标准传感器（如日射强度计）中，由吸收产生的温升（ΔT）大约是1～10K。

可以通过热电偶来测量温度变化，热电偶是把两种不同材质连接起来组成的回路。当两端温度不同时就会产生电压，即塞贝克效应。多个电热偶串联组成热电堆。

如图9-1所示，热电堆的热端位于黑色涂层下方的中心位置或在黑色涂层下方等间隔排列，被黑色涂层吸收的辐射加热。热电堆的冷端位于黑色涂层的外部，以这种方式使冷端温度与传感器外壳温度保持相同。热电堆传感器的典型结构如图9-2所示。

带黑色涂层的热电堆传感器在市场上使用最为广泛。但是，另有一种结构的热电堆传感器，这类传感器通过接收元件的颜色变化实现差分吸收，如图9-3所示。

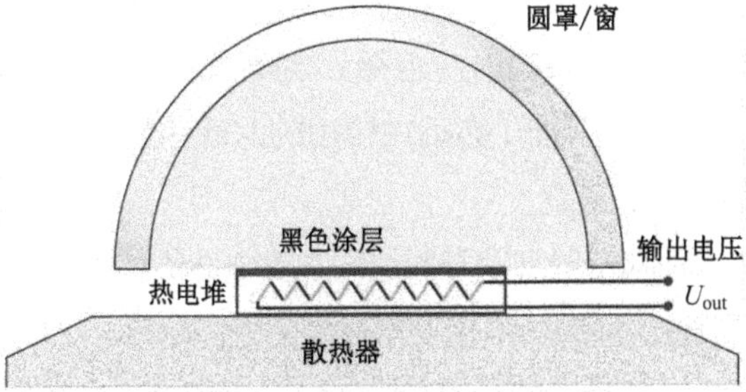

图 9-1　基于热电堆的传感器

图 9-2　热电堆传感器的典型结构

图 9-3　黑白结构的热电堆传感器

这种黑白结构的热电堆传感器（黑白日射强度计）由黑白交替分布的涂层组成，热端位于黑色部分的下面，而冷端位于白色部分的下面。这种设计的优点是无须使用外壳作为比较点；缺点是由于太阳辐射白色部分会随时间变黄，导致灵敏度下降。由于稳定性降低，必须在较短的时间内重新校准传感器，从而使维护成本升高。

还有一种基于珀耳帖元件结构的热电堆传感器。这类传感器也基于热电效应原理，产生一个有源的电压信号，如图 9-4 所示。相比较于传统的热电堆传感器，这类传感器更加稳定，具有更好的响应时间、线性度、灵敏度，但是价格也更贵。

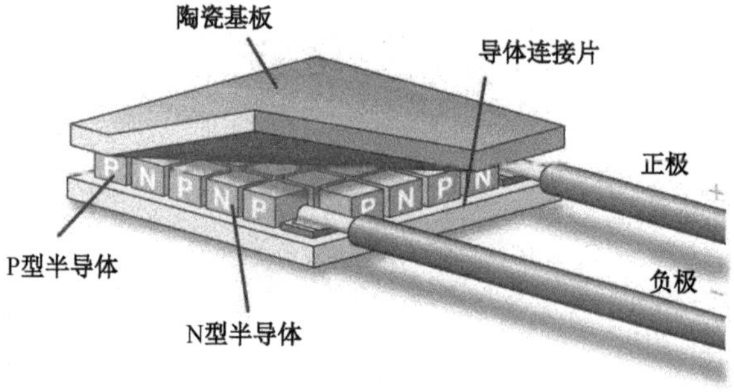

图 9-4　珀耳帖元件结构的热电堆传感器

另一类热电堆传感器基于一个与温度有关的电阻链（测辐射热计原理），即数个电阻被安装在黑色接收元件下方，其他电阻保持和外壳相同的温度，这些电阻相连接构建“惠斯通”电桥，输出与温度升高成比例的电压，如图 9-5 所示。

这种被测量的变换方式为制造精确传感器提供了可能性。对于这类热电堆传感器，只是改变了电阻值，而没有主动产生电压，因此，被动测量这类传感器需要外部电源为惠斯通电桥供电。大多数时候，在现场应用中不得不通过非常长的电源线供电。在极端情况下，甚至需要用电池或太阳能电池板供电。因此，最好选择包含电源线供电和电池两种方式的传感器。

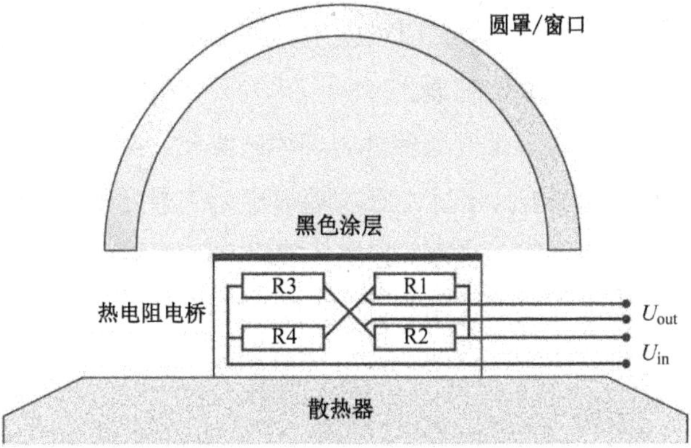

图 9-5　基于测辐射热计的传感器

还有一种类型的热电堆传感器很少使用，该传感器也是基于热电效应原理，将涂层表面吸收的输入能量与电能进行比较，然后进行补偿。在平衡状态下，输出能量比较容易测量，它等于入射的辐射能量，这样的系统是非常精确的。然而，这类传感器没有响应时间，但响应时间这个参数在国际标准（WMO）中要求必须具备“一级”或“副基准级”仪器。此外，这类传感器还需要一个额外的电路控制系统，而这类传感器系统本身也需要辅助电源，这意味着它们几乎不能应用于现场。

将输入的辐射转化为电压需要一定的能量，而且也需要达到适当的温升，才能进行相应的测量，这只在宽带传感器上是可行的。上文提到的传感器主要考虑测量 300～3 000nm 波长范围内的短波辐射。然而，它们也可用于测量 5 000～50 000nm 的地面红外辐射（近红外光与远红外光）。

所有基于热电原理的传感器都有一个不变的宽带光谱灵敏度，根据通用标准和法规的规定（例如，世界气象组织），宽带光谱灵敏度是气象应用传感器所必须的。这些测量原理能使我们构建各种传感器，以及使用各种方法，将现场应用传感器发展成为高精度传感器。

热电堆传感器都要避免外界环境的影响，例如，空气运动等，外界环境可能会干扰由吸收辐射引起的温度变化，也可能会影响黑色涂层的吸收率。避免环境影响的通用解决方案为这些传感器配置保护罩或窗户，同时保护罩或窗户通过使用不同的光学材料来控制传感器响应的光谱范围。

光电原理

有时候是不需要在整个光谱范围内具有相同光谱灵敏度的传感器的，比如窄带传感器、照度计、PAR 传感器都是用光电二极管作为传感器元件的。光电二极管的其中一个优点是价格合理。典型的光电二极管如图 9–6 所示。

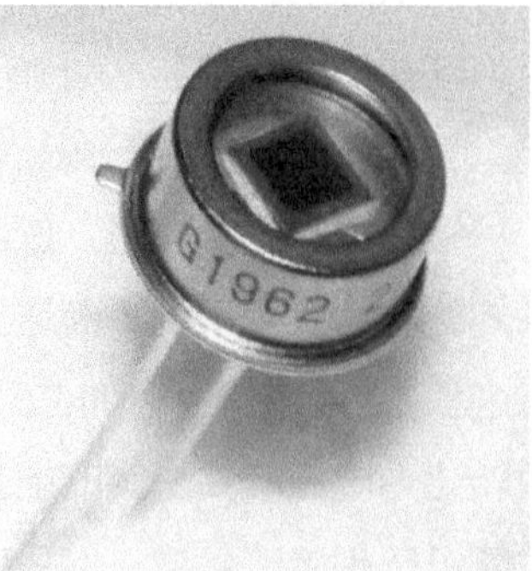

图 9-6　典型的光电二极管

半导体材料吸收电磁辐射导致光电效应，利用这种效应可以测量太阳辐射。热电动势在这里没有任何影响，所以，光电二极管的响应速度非常快，输出电压相对较高。输出电压取决于半导体的材料、内部结构和负载电阻（如图 9-7 所示的分流器）。通常，将光电二极管的耗尽层（P-N 结）作为辐射的接收单元。

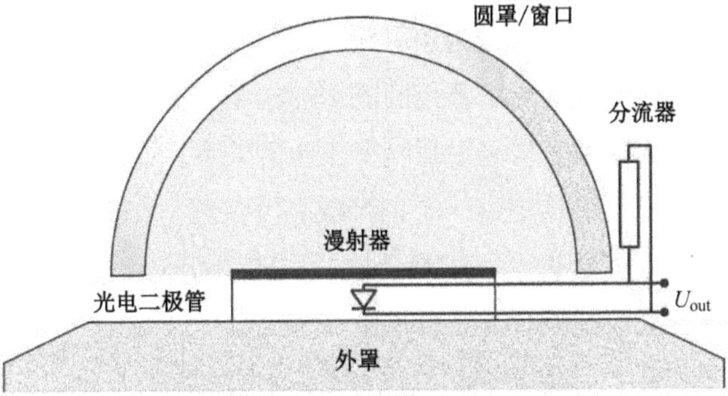

图 9-7 基于光电原理的传感器

光电二极管的灵敏度随着波长的变化而变化，不同类型光电二极管的光谱响应范围不同。一个简单的光电二极管经常用来测量 400～1 100nm 波长范围的辐射，包括了可见光和部分红外光，这类传感器有时候也被称为“硅光度计”。

为了从整个半球收集辐射，并提供良好的方向响应，光电二极管通常安装在漫射器的后面。漫射器也可以保护传感器免受环境影响，从而使得传感器在没有进一步保护的情况下也能在户外使用。

一些仪器含有特殊类型的光电二极管，需要结合光学滤光片使用，光学滤光片主要用于产生定制的光谱响应，例如光合有效辐射传感器、照度计和紫外线传感器等。

热力学原理

有时需要使用不带任何电源的仪器来测量和记录辐射。为了实现这个目的，有些仪器中的传感器采用热力学原理。

这种传感器是基于双金属元件的，双金属元件由两种具有不同热膨胀系数的材料连接在一起。双金属元件的一面吸收膜被涂黑并暴露在太阳辐射下，另一面则没有，这就导致这两种材料的温度不同。由于黑色面的加热作用，双金属元件开始弯曲，并且弯曲程度与辐射强度呈正比例关系。双金属的弯曲运动通过杠杆系统传递给一个指针或书写装置。敏感的黑色面采用玻璃罩保护起来。德国格廷根公司的“Aktinograph 记录仪”是这类仪器的代表，如图 9-8 所示。

图 9-8　Aktinograph 记录仪

第10章

滤光片

传感器的光谱响应可以通过彩色玻璃来调整，这类玻璃可以透过特定波长的光；也可以采用在光学表面镀特殊膜的方式来调整，这些特殊薄膜被称为光学薄膜或干涉滤光片。例如，我们在照相机的透镜上看到的是“减反膜”。为了更好地研发和使用太阳辐射传感器，需要了解滤光片的光谱特性。

干涉滤光片通常由多层薄膜构成。基于薄膜的材料和间距设计的滤光片可以透过特定波段的电磁辐射。在真空腔体内，通过气相沉积的方法把薄膜镀在稳定且坚硬的基底上。

以下是四种基础的滤光片。

中性密度滤光片

其作用是过滤光线。这种滤光片的滤光作用是非选择性的，对各种不同波长的光线的减少能力是同等的、均匀的，只起到减弱光线的作用，而对原物体的颜色不会产生任何影响。

带通滤光片

透过特定波长范围的光，阻挡特定波长范围之外的光。带通滤光片根据光谱特性大致分为宽带滤光片和窄带滤光片两种。

短波通滤光片

指特定的波长范围内，短波方向是透过的，而长波方向是截止的，起到隔离长波的作用。

长波通滤光片

指特定的波长范围内，长波方向是透过的，而短波方向是截止的，起到隔离短波的作用。

对于标准的气象测量来说，制造商对特定产品的滤光片选择是预先确定好的。一旦在非标准测量中应用，了解滤光片的各项性能就非常重要了。除了滤光片的透光率外，也要考虑滤光片的截止深度和在界面发生的反射损耗。另外，基片表面的抛光质量也是一个非常重要的因素。

玻璃基片几乎都适用于 300～3 000nm（短波太阳辐射范围）光谱范围。如果要求更宽的光谱范围，就必须使用石英滤光片。这些石英滤光片允许更大的透射光谱范围，其一个非常重要的应用领域是紫外区域测量。

玻璃基片不适用于测量长波辐射的传感器，这类传感器的基片需要在红外波段也有很好的透光率。这类传感器的基片主要采用半导体材料，如硅。至于长波范围内的测量（地面辐射强度计），高能量的可见光被认为是一个干扰信号，必须使用“日盲滤光片”阻止它，因为它无法透过短波辐射。

对于视角很小的传感器，这些滤光片（保护窗）通常只是处于辐射入口处的一块平板。对于有 180° 视角的传感器，滤光片通常是半球形的罩子，也被称为“玻璃罩”。

如果出于价格的考虑，需要设计一个同时涵盖短波辐射和长波辐射的测量系统，那么有时就需要使用合成材料的滤光片作为替代方案。对于这种应用，主要会用到巴斯夫公司的低密度聚乙烯材料，它从紫外线到短波红外波段是透明的，即使在中波和长波红外波段吸收也很少。为了保持尽可能低的吸收，必须做成非常薄的薄片。为了降低吸收，在净辐射传感器上装低密度聚乙烯罩已经广为人知。

然而，这些非常薄的罩子必须定期更换。一方面，由于低密度聚乙烯罩子的结构非常不稳定，所以必须通过传感器内部过压来稳定它们。另一方面，鸟类会对这些传感器罩子造成严重损害。

从太阳辐射光谱中分离特定范围的光谱，通常偏向于使用滤光片，而不是分光光度计。滤光片比分光光度计更容易处理，成本也要低得多。如果全面掌握了滤光片的专业知识，带有滤光片的传感器就像普通的传感器一样容易使用。

当然，这些传感器的测量结果应该与国际标准相比较。因此，只有少数滤光片得到了国际公约（例如，WRC–世界辐射中心）的批准。最常见的滤光片有以下3种：

OG1　透射率：525～2 800nm

RG2　透射率：630～2 800nm

RG8　透射率：710～2 800nm

不同的过滤是通过不同颜色的滤光片来实现的。长波端的极限是由玻璃本身的特性决定的。然而，在一定程度上，过滤频率取决于温度。

以上三种滤光片主要用于测量大气混浊度（气溶胶等）的增加量。

这些滤光片不仅用于太阳热量计，也可以用于日射强度计。这些滤光片的主要制造商是位于德国美因茨的肖特公司。

实际的测量过程是按照以下步骤进行的：

（1）无滤光片测量；

（2）用滤光片测量；

（3）测量差值计算。

对于测量值，以及使用与不使用滤光片的测量差值的计算，建议查阅相关专业文献。

第11章

传感器性能

传感器及其测量特性是由输入值和输出值的比值确定的，同时还要考虑外部和内部影响。

对于测量辐射强度的传感器，下列与输入值相关的特性很重要。

- 光谱灵敏度
- 倾斜误差
- 方位效应
- 余弦响应
- 偏振特征

下列特征与传感器相关，受外部干扰的影响。

- 灵敏度
- 分辨率
- 响应时间
- 稳定性
- 电压影响
- 温度响应
- 线性度

在制造商的数据手册上，应根据标准的国际准则列出传感器的特性，允许对传感器的技术数据进行比较，因为在许多测量中，对可能存在的测量误差进行评估是至关重要的。

即使是世界气象组织（WMO）也提到了上述这些特征，用于对太阳辐射传感器进行分类，并因此定义了对传感器精度的最低要求。许多著名的气象传感器制造商根据这些建议发布了各自的传感器数据。

下面的关键词和图表反映了这些特性的大致情况。

光谱灵敏度

光谱灵敏度偏移量被记录为与平均值偏离的百分比，如图 11-1 所示。

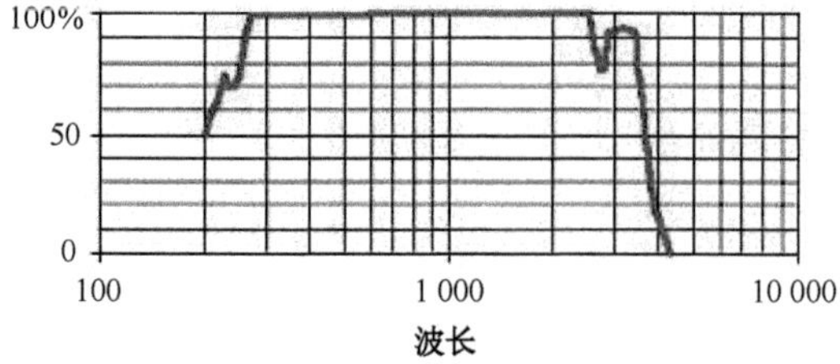

图 11-1　光谱灵敏度

倾斜误差

具有平面测量表面的传感器的测量灵敏度及零点，与倾斜角度之间的相关性。

方位效应

由于接收平面的方向与最初预定方向不同而导致的测量误差，如图 11-2 所示。

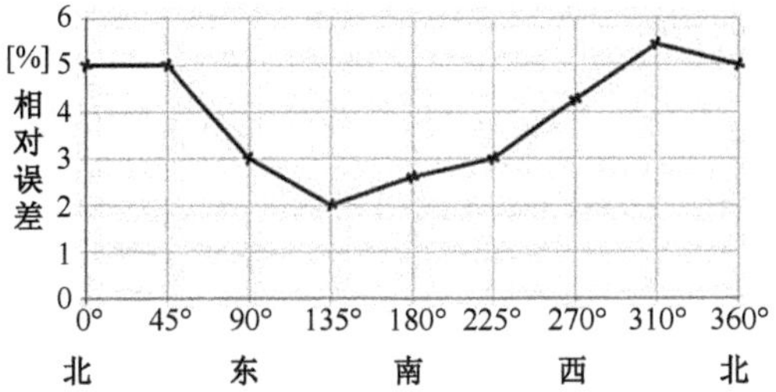

图 11-2　方位效应

余弦响应

与入射角度相关的测量值和理想值之间的相对偏差，这种偏差是由与角度相关的反射或玻璃罩的不平整引起的，如图 11−3 所示。

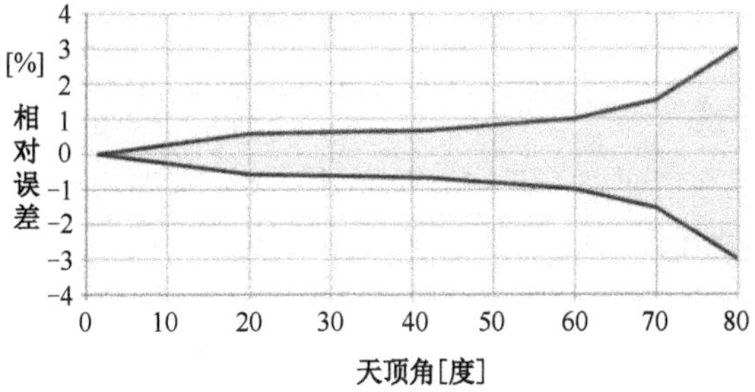

图 11-3　余弦响应

偏振特征

由滤光片中的偏振产生的测量误差。

灵敏度

测量中输出电信号和输入值的比值。

分辨率

被测量的最小变化量。

响应时间（T90）

被测量变化一个步进值后，传感器达到最终数值的 90% 所需要的时间，如图 11-4 所示。

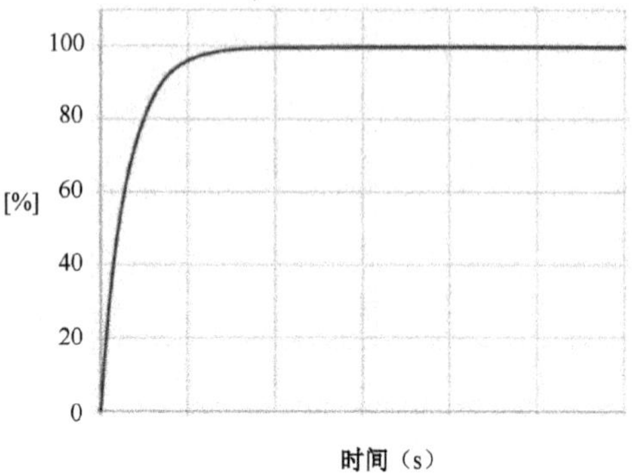

图 11-4　响应时间

稳定性

稳定性主要用于评估传感器灵敏度和零点的长期恒定性。

电压影响

电压波动对测量结果的影响。

温度响应

环境温度波动对测量结果的影响，如图 11-5 所示。

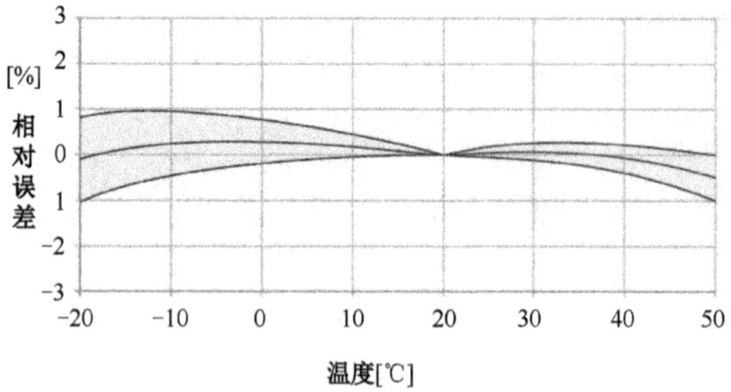

图 11-5　温度响应

线性度

在规定条件下，传感器校准曲线和拟合直线间的最大偏差与满量程输出的百分比，如图 11-6 所示。

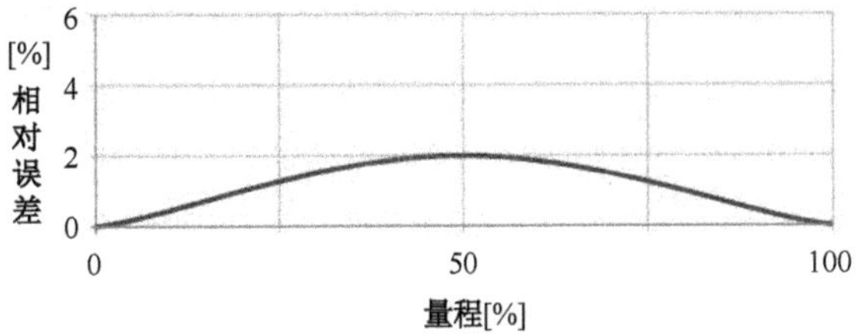

图 11-6 线性度

上面提到的一些特性并不适用于所有传感器。例如，分辨率特性不适用于模拟传感器，电压波动不会影响任何外部电压的传感器，偏振特性和常规的日射强度计无关。

然而，光谱灵敏度是在任何传感器数据手册上都会出现的传感器特性之一。除了能在图中看到传感器灵敏度的细节之外，通常只给出一个阈值。因此，在传感器灵敏度降低 50% 时，估计传感器的输出值非常重要。

传感器的倾斜误差不要误解为传感器调平不当引起的误差。倾斜误差是指辐射以 90° 入射，而传感器由于倾斜离开水平方向而导致的测量误差。传感器由于没有正确校平引起的测量误差，比由非水平方向上不同对流引起的倾斜误差要大得多。

方位效应主要是由不规则性引起的，例如日射强度计的玻璃罩产生的不规则性，或其他旋转不规则性。为了避免这些误差，建议安装传感器时，电缆朝向北方。

余弦响应是指垂直方向入射角变化带来的影响。通常情况下，入射角变小时，误差增大。这就是传感器要正确调平的重要原因之一。

传感器数据手册上的灵敏度都不会被大家忽视，它是由制造商校准决定的。温度波动有可能导致灵敏度变化，但会在数据手册上标出。其他由传感器内部不稳定导致的变化是无效的。

传感器的响应时间主要由其转换原理决定。基于光电原理的传感器（光电二极管）的响应时间小于 1 秒。这是输出信号适应输入被测量的变化所需要的时间。根据世界气象组织的指导方针，在数据手册上给出的响应时间是传感器达到预期值的 90%所需要的时间。

在为某个应用选择传感器时，必须考虑它的稳定性。保持传感器稳定性的主要因素是定期重新校准，时间间隔通常由制造商规定（如果没有指明，建议每两年进行一次常规的重新校准）。

传感器的温度响应通常由其结构决定，并保持最小值，这意味着温度波动引起的误差被控制在一定范围内。然而，在确定的温度范围边缘，温度变化对测量值的影响将会增大。

线性度是测量值与理想直线的偏差。数据手册中提到的线性度可以作为常量，是传感器的特性之一。

第12章

日射强度计

按照国际标准 ISO 9060，日射强度计是用于测量 300～3 000nm 光谱范围内半球太阳辐射（太阳总辐射）的仪器，该范围包括了红外辐射的一部分，如图 12-1 所示。

太阳辐射是影响天气的主要因素，因此，测量太阳总辐射是气象学中常做的。温度、气压和降雨量是常用的测量值，它们主要依赖于到达大气层和地面的辐射。通过测量太阳总辐射可以得出地球附近大气层的物理状态。

图 12-1　日射强度计

准确地说，在气象学中，为了能够对全世界范围内的测量数据进行分析，测量数据的可比性非常重要。所以，传感器规范是由大气测量国际标准定义的，目的是为了实现全球范围测量值的可比性。

然而，这些规范也意味着，目前所要求的数据只能通过使用具有稳定、非选择性光谱灵敏度的热电堆传感器来获得。不符合这些规范的仪器绝对不能被视为日射强度计，并且必须叫其他名称，如硅-日射强度计。

以下是日射强度计的一些主要的组件。

（1）热电堆传感器元件，黑色或黑白接收器表面；

（2）半球形玻璃罩（一个或两个），保护接收器表面；

（3）外壳，通常由额外的遮阳板保护，并作为热参考。

日射强度计的分类

日射强度计按其精度进行分类，有科学级的精密传感器，也有用于常规测量的传感器。根据 ISO9060 标准，有三个类别：副基准级、一级、二级。日射强度计规格列表参见表 12-1。

副基准级仪器通常作为实验室和研究所做实验的参考标准。用于校准的传感器不应在现场使用，以避免损伤。基准级传感器不是大规模生产制造的，因此，在市场上很难买到。

一级和二级传感器是专门为现场应用设计的，它们需要充分考虑其规格参数。

表 12-1　日射强度计规格列表

序号	规格参数	副基准级	一级	二级
1	响应时间（T95）	<15s	<30s	<60s
2	零点偏移 200W/mA 净辐射 5K/h 环境温度变化	 <7W/m² <2W/m²	 <15W/m² <4W/m²	 <30W/m² <8W/m²
3a	非稳定性（年变化）	<0.8%	<1.5%	<3%

续表

序号	规格参数	副基准级	一级	二级
3b	非线性误差（100～1 000 W/m^2）	<0.5%	<1.0%	<3.0%
3c	方向响应	<10 W/m^2	<20 W/m^2	<30 W/m^2
3d	光谱选择性	<3.0%	<5.0%	<10.0%
3e	温度响应	<2%	<4%	<8%
3f	倾斜响应	<0.5%	<2.0%	<5.0%

黑色表面日射强度计

从图 12-2 可以看出日射强度计的基本设计。这种类型的日射强度计用于测量太阳总辐射，视场角几乎为 ±90°。总辐射由太阳直接辐射和散射辐射组成。实际的传感器元件会将辐射能量转换成等比例的电信号。几乎所有可买到的日射强度计都是将进入黑色接收器表面的辐射能量转换成热能，这种热能导致温度上升。具有黑色接收器的热电堆传感器通常符合在光谱和方向要求上的标准。接收器表面覆盖一层特殊的黑色涂料，在整个光谱范围内吸收系数接近 1，吸收范围与波长无关。温度的升高通常由接收器表面与散热器（例如，外壳）之间的温度差来决定。

温度差主要是由热电堆测量的。根据测量目的和要求，这些热电堆包含了一系列的热电偶，这些热电偶在电路上是串联的。它们的输出电压是由所有构成热电偶的热电动势加在一起产生的。增加热电偶的数量会使得输出电压增加，从而增加传感器的灵敏度。这意味着，热电堆不但增加了传感器的输出，而且还使接收器表面下的热端均匀分布，从而使测量区域的测量灵敏度保持恒定。日射强度计电路图如图 12-3 所示。

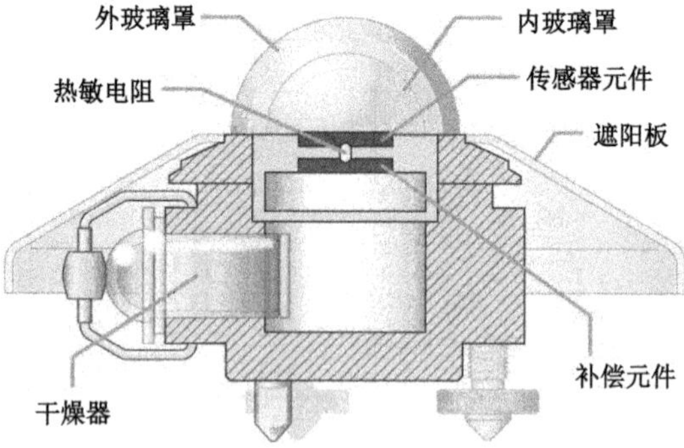

图 12-2　日射强度计结构

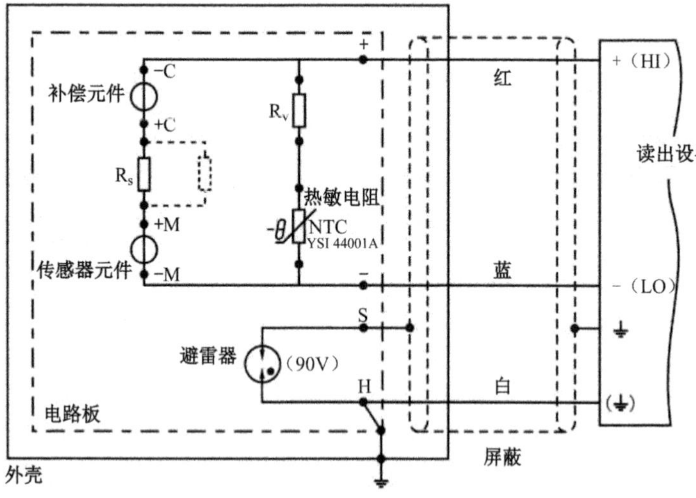

图 12-3　日射强度计电路图

黑白日射强度计

具有黑白表面的日射强度计基于不同的构架原理，最常见的是星型日射强度计。热电堆也在这里使用。在这些日射强度计中，热电堆的冷端位于白色区域的下方，热端位于黑色区域的下方。黑色区域吸收约 95%～98%的入射辐射能量，而白色区域在特定光谱范围内反射掉相同的能量。因此，黑色部分温升比白色部分高。热电堆的输出电压表示进入的辐射量。

黑白日射强度计作为市场上的一级和二级设备已经有很多年了。到目前为止，副基准级黑白日射强度计还没有发明。这可能是由于它们的具体特征：白色段变黄导致长期稳定性差，需要更频繁地重新校准。现有的这些仪器的制造商建议每 3 个月重新校准一次仪器。

测辐射热计式日射强度计

利用和温度相关的测量电阻（测辐射热计原理）测量温升也常用标准的日射强度计。仪器中，至少一个，多数是两个测量电阻和黑色测量表面相连接，其他测量电阻连接到散热器上。这些电阻构成一个惠斯通测量桥。所使用的传感器元件决定了日射强度计的特性。

上述热电原理是日射强度计中最常见的原理。由于传感器照射部分的输出电压通过相对于散热器的温度来测量，所以仅当输入和输出的能量达到热平衡时，得到的测量值才表示进入的辐射量。

接收器表面被石英或玻璃罩覆盖，保护它们免受外部天气的影响。圆罩的光谱透射率决定了传感器的光谱范围。实际上，传感器元件接收到的总辐射受圆罩光谱透射率和接收器表面吸收系数的影响。入射的辐射能量加热圆罩，也使它产生热辐射，但通常我们不考虑其影响。由于圆罩的结构，接收器表面将能量传递到散热器和罩内的空气中。当圆罩吸收总辐射的一部分能量时，它会被加热，从而发射红外辐射。在这种情况下，接收器表面将接收比总辐射本身更多的红外辐射。因此，高精度的日射强度计配有一个额外的内部玻璃罩。此外，当日射强度计倾斜放置时，在测量区域内会产生对流，这可能会影响测量数据。

硅–日射强度计

硅–日射强度计可用于简单的测量任务，如图 12–4 所示。目前的硅–日射强度计实际上没有达到上述传感器分类要求，但是在晴朗的天空条件下，硅–日射强度计几乎与 ISO 9060 规定的二类热电堆日射强度计相似。它们的光谱灵敏度如图 12–5 所示。因此，它们可以在温室或类似的工业生产中应用，例如，遮阳窗帘等。

图 12-4　硅-日射强度计

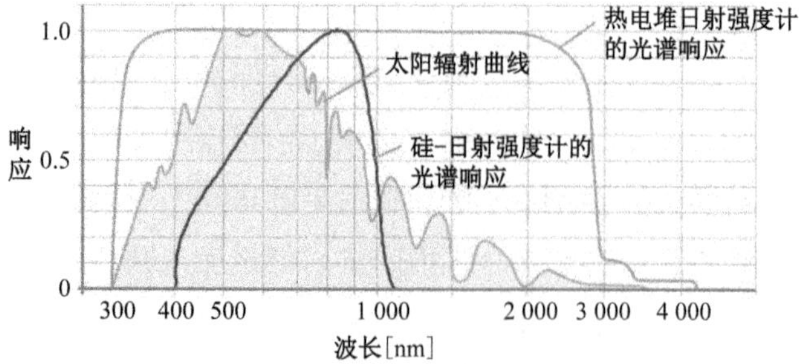

图 12-5　硅-日射强度计的光谱灵敏度

日射强度计的校准

校准的目的是确定传感器的输入值和输出值之间的关系。

日射强度计通常以 W/m^{2}为单位进行校准，产生的输出电压为 1～20μV/(W/m^2)，测量范围通常为 2 000～4 000W/m^2。

制造商有两种校准方法可选。ISO（国际标准化组织）描述了在阳光下校准日射强度计的两种方法：交替的阳光照射遮挡法和连续的阳光照射遮挡法。

两种校准方法都假设总辐射是由直接辐射构成的，并考虑了当时太阳的高度和散射辐射。这两种方法的太阳直接辐射都是通过参照的太阳热量计测定的。待校准的传感器按准确的预定时间间隔暴露于总辐射或散射辐射中（前面设置遮光装置）。在遮光装置上，遮光盘的尺寸及与接收器表面的距离是有明确规定的，尺寸及距离必须保持不变。

这两种校准方法都需要阳光直射和参照的太阳热量计。因此，这些校准只能由研究机构用适当仪器来进行。

然而，日射强度计的制造商总是希望不要用直射的阳光来进行校准。这就是需要用参照的日射强度计进行校准的原因，该方法也由 ISO 描述。这意味着参照用的日射强度计精度和稳定性必须满足特殊的强制性要求，光源和仪器的整体安排也必须满足特殊要求。此前，光源一直采用钨卤灯，但目前它们正在被新的金属卤化物高压气体放电灯所取代，其光谱按照太阳的光谱进行校正。

外部的影响

在晴朗无风的夜晚，由于红外辐射发射到了寒冷的天空中，日射强度计的外圆罩的温度可能会下降，甚至降至空气的露点温度。在这种情况下，露水、雨凇或白霜会沉积在玻璃圆罩上，并在早上留在那里几个小时。圆罩上的这种霜盖是光的强漫射器，因此，在日出后的最初几个小时内传感器的输出信号将急剧增加50%。在这些气候条件下，为了减少这类影响，应该使用通风装置。

入射的太阳辐射强度依赖于大气条件和入射角，因此，所有日射强度计的数据都是从固定的测量站获得的。如果传感器在飞机上或船上使用，则需要考虑这些特殊的外部条件的影响。

电气连接

从图12-3所示的电路图可以看出，电缆的屏蔽套与传感器外壳隔离。传感器通过避雷器避免高电压的干扰。因此，不会形成接地回路，也不会产生瞬态电流而导致干扰电流的产生。内置的避雷器将由雷电引起的电压转移到传感器的外壳上，从而保护传感器及电子元件免受破坏。内置避雷器内充满惰性气体，击穿后即可恢复，击穿电压为90V。在这种电路上，建议将外壳接地。

在安装和连接传感器之前，必须确保测量站的所有传感器都以相同的方式接地。如有必要，建议按照操作手册中的说明进行操作。

在大多数传感器上，测量导线长期连接，通过压盖保护防止受潮。传感器制造商在校准时也考虑了测量导线的影响。如果延长电缆，可能需要重新校准。安装传感器时，电缆应避免东西走向。

天空散射辐射测量

根据WMO和ISO说明，在测量太阳总辐射时，日射强度计需要 180° 的视角。当测量天空散射辐射时，应使用适当的遮光装置防止辐射直接照射到接收器表面上。适用于此目的的遮光装置有手动和自动两种，如遮光环、单轴或双轴跟踪系统。

人造辐射源测量

测量人造辐射源在环境测量、材料测试等领域越来越重要，因此，必须考虑这些辐射源的不同光谱。日射强度计视角为 180°，特别适用于这种测量。通常，为了减少测试时间，可以使用具有高辐射能力的光源。这样做的前提是日射强度计的测量范围足够大，有时甚至需要高达 4 000W/m^2。另外，这种测量是在极高温度的特定测量室中进行的。如今，在市面上还可以买到应对这一应用的工作温度在-40℃～150℃的特殊日射强度计。高温日射强度计如图 12-6 所示，日射强度计在汽车行业的应用照片如图 12-7 所示。

图 12-6 高温日射强度计

图 12-7 日射强度计在汽车行业的应用

（照片均摄自日产汽车公司）

第 13 章

太阳热量计

太阳热量计用于测量垂直于太阳的平面上的太阳直接辐射。因此，太阳热量计必须对准太阳。为此，它们通常安装在自动跟踪/定位系统上，也可以使用手动对准的设备。追踪器/定位器如图 13-1 所示。

图 13-1　追踪器/定位器

从地球上看，太阳的直径对应于 0.25° 的孔径角。由于各种原因，通过太阳热量计及跟踪/定位系统，难以跟踪这么小的角度。

根据国际标准和 WMO 的建议，确定了太阳热量计的孔径角为 5° 。对于该角度，传感器不但可以检测直接辐射，而且可以检测一部分环日辐射。环日辐射是由不透明度引起的，这种不透明性是由大气条件造成的，也受太阳高度的影响。这就是把孔径角和其他几何细节标准化的原因，这也是为了使不同类型仪器的测量结果具有可比性。

最初设计太阳热量计旨在确定太阳常数。因为这要求传感器的测量精度高及稳定性好，所以，太阳热量计的版本被持续改进。因此，在本文中仅介绍精确的或工业级版本。如今，由于太阳常数已经确定，所以太阳热量计更多地用于科学目的或检测大气的不透明度。

为了测量大气的不透明度，得出导致不透明度的空气含量，有必要在很窄的频谱内进行测量。按照 VDI 的规定进行这些测量，由于光谱辐照度小，不可以使用窄带滤光片的太阳热量计，必须使用光谱辐射计进行测量。

然而，可以使用滤光片或滤光附件来测量太阳直接辐射的部分光谱。

太阳热量计（NIP）如图 13-2 所示，由以下主要部分组成：

图 13-2 太阳热量计（NIP）

- 热电堆传感器
- 带光圈的外壳（管）
- 外部太阳追踪器

在太阳热量计中，因为在 0～5 000nm 范围内需要高稳定性和非选择性辐射吸收，实际测量是由热电堆传感器进行的。在任何情况下，非选择性辐射吸收都需要有黑化接收器表面的传感器元件。由于太阳热量计的孔径角小，直接辐射负荷较高，所以有两种构造原理可供选择。一种是在太阳热量计中采用平面接收器，另一种是采用朝向太阳开口的空腔接收器，其内表面以相同的方式黑化。

从图 13–3 可以看到具有平面接收器的太阳热量计的结构原理。开口的光阑和管的长度保证它们构成 5° 的孔径角（视场角）。

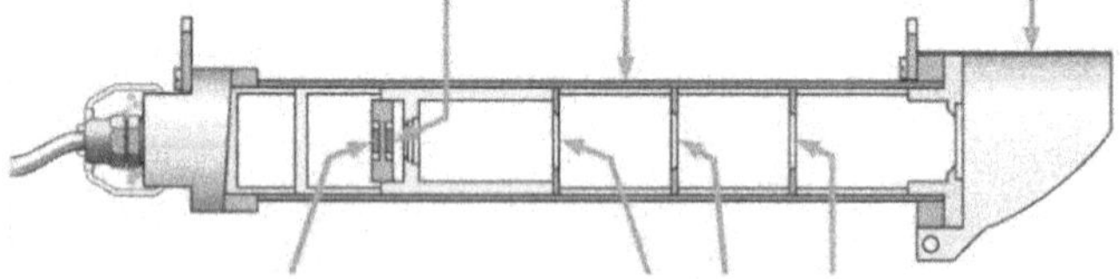

图 13-3　太阳热量计结构

如图 13–3 所示，通常，在太阳热量计中使用两个相同类型的传感器元件，以减小环境影响，其中主动传感器元件暴露于太阳下，被动传感器元件位于主动传感器元件后面，而不会暴露于太阳辐射中，但暴露于其他环境中。

由于这些太阳热量计用于现场常规测量，因此，它们通常配有防雨窗和附加的观察窗口，以使雨滴不会进入仪器内部，即使在极端环境下也不会发生。这些观察窗通常由石英（Infrasil）制成，并将仪器的光谱范围缩小到典型的 200～4 000nm 范围内。此外，可以使用光学滤光片（光谱滤光片）在更小的光谱范围内进行测量。太阳热量计电路图如图 13-4 所示。

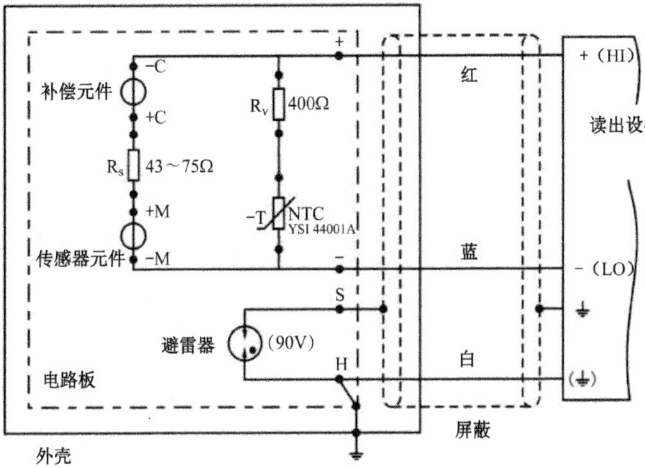

图 13-4 太阳热量计电路图

实际上，现代黑腔太阳热量计的基本设计并没有什么不同，它们由相同排列的两个腔体构成。主动腔暴露于太阳下，而被动腔用于补偿目的。然而，补偿和测量过程在原理上是不同的。仪器在斩波模式下工作，就是主动腔先暴露在阳光下，然后用遮光装置遮蔽，如此交替切换。同时，被动腔被通电加热。最终两个腔之间产生的温度差由控制装置测量，该控制装置也能调节被动腔的电加热。一旦来自两个腔体的热流完全相同时，通过测量流入被动腔的电能就可以计算出入射辐射量。

这些单元设计适用于最高精度测量。这种热量计的电子部分（测量和控制技术）支出较高，从而增加了成本。因为一些经常使用的保护装置，诸如石英滤光片和防雨窗使测量精度降低，所以这些装置都被放弃使用。这些仪器专为气象学、气候学和光伏领域的科学研究设计。它们不适合“全天候”工作。这种类型的太阳热量计的另一个杰出代表是位于达沃斯的世界辐射中心开发的 WRC，如图 13-5 所示。按照 WRC 的规格书，其精度为 0.17%（相对标准偏差）。

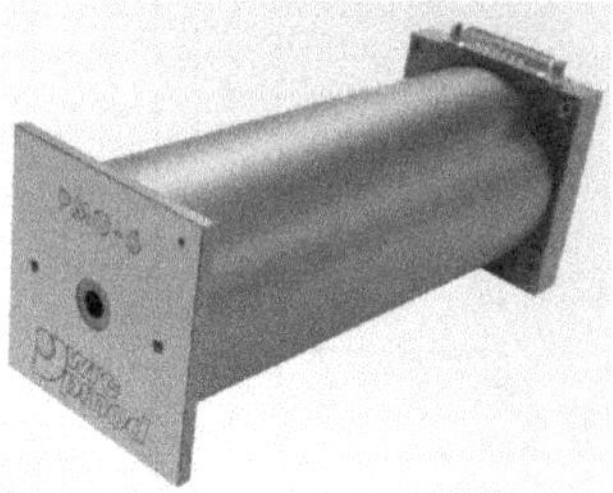

图 13-5　太阳热量计（WRC）

太阳热量计的校准

校准的目的是获取传感器的输入值和输出值之间的关系。通常，太阳热量计以 W/m^2 为单位进行校准，测量范围为 1 500～4 000 W/m^2。

制造商有不同的校准方法可选。ISO（国际标准化组织）规定通过与较高等级的太阳热量计进行比较来校准。校准通常在阳光下进行，且满足如下最低气象要求：

- 辐射强度高于 700 W/m^2

- 无水汽
- 低风速
- 太阳和云层之间的分离至少在 20° 以上
- 至少用 10 个单独测量值取平均

对于校准批量生产的太阳热量计，通常使用人造辐射源，而不是太阳，原因是人造光源可以一直使用。制造商的参照太阳热量计可以按照 WRC 标准校准，或者直接由 WRC 做定期校准。

太阳热量计规格列表参见表 13-1。“副基准级”只针对单一制造的仪器，而“一级”和“二级”分类是针对单一制造和批量生产的传感器。按照 ISO 标准的附加规定，太阳热量计需要定期校准，在跟踪器上进行机械调整，并定期维修。此外，电子读数器和指示设备必须足够精确，并通过校准。

表 13-1 太阳热量计规格列表

序号	规格参数	副基准级	一级	二级
1	响应时间（T95）	<15s	<20s	<30s
2	零点偏移 5K/h 环境温度变化	$<1W/m^2$	$<3W/m^2$	$<6W/m^2$
3a	非稳定性（年变化）	<0.5%	<1%	<2%
3b	非线性误差（$100\sim1000\ W/m^2$）	<0.2%	<0.5%	<2%
3c	光谱选择性	<0.5%	<1%	<5%
3d	温度响应	<1%	<2%	<10%
3e	倾斜响应	<0.2%	<0.5%	<2%
d	追踪精度（通过定期比较）	<0.5% （相比于基准级）	<2% （相比于副基准级或更高）	<5% （相比于一级或更高）

第14章

地面辐射强度计

地面辐射强度计是用于测量长波辐射的传感器，如图 14-1 所示。它们的光谱范围为 4.5～50μm（远红外范围= FIR）。

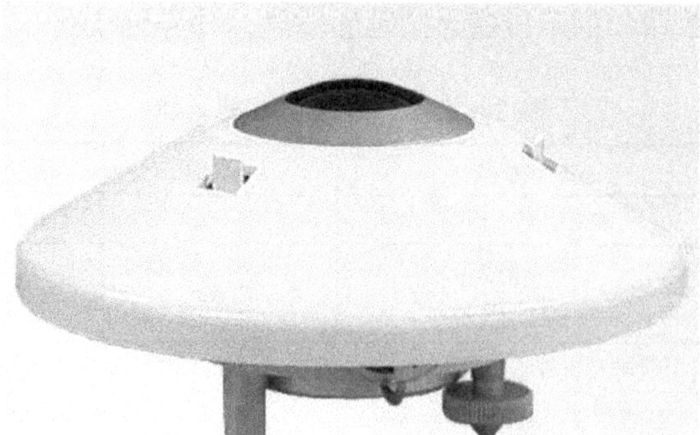

图 14-1　地面辐射强度计

BSRN（基线地表辐射观测网）推荐地面辐射强度计用于测量向下和向上的长波辐射。在现场测量中，它们产生的电输出信号与净辐射成比例。通过相应的计算，可以得到向下长波辐射。由于传感器的物理特性，测量结果必须考虑传感器的温度影响。因此，地面辐射强度计额外装有一个集成的温度传感器，如果需要，也可以安装加热元件。

地面辐射强度计包括以下主要部分：

- 热电堆传感器
- 散热器（外盒）
- 辐射窗
- 温度传感器（必要时增加加热元件）

在过去几年中，随着地面辐射强度计的不断改进，长波地面辐射的测量已经取得了长足的发展。但是，测量长波辐射还需要大量的经验和专业知识。

地面辐射强度计是基于硅窗口的，辐射通过该窗口到达实际的传感器元件。该硅窗口和内部附加的日盲滤光片只透射长波辐射，从而保护传感器元件免受环境影响。其结构如图 14-2 所示。

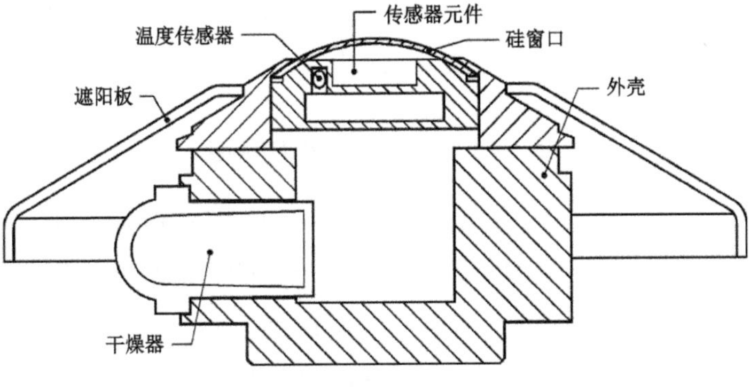

图 14-2 地面辐射强度计结构

地面辐射强度计的关键在于，不管是在阳光强烈照射下，还是在没有阳光的时候，只让长波分量照射到传感器元件上，不会因为短波辐射引起传感器元件温度上升而导致测量误差。短波辐射会引起硅窗升温，然而，这可以通过测量窗口温度来校正。这就是许多地面辐射强度计配备了额外温度传感器的原因，以便能够使用该温度计进行校正计算。同时，可以使用精密的地面辐射强度计，它们的结构经过改进，使得短波辐射引起的热量可以消散。其电路图如图 14-3 所示。

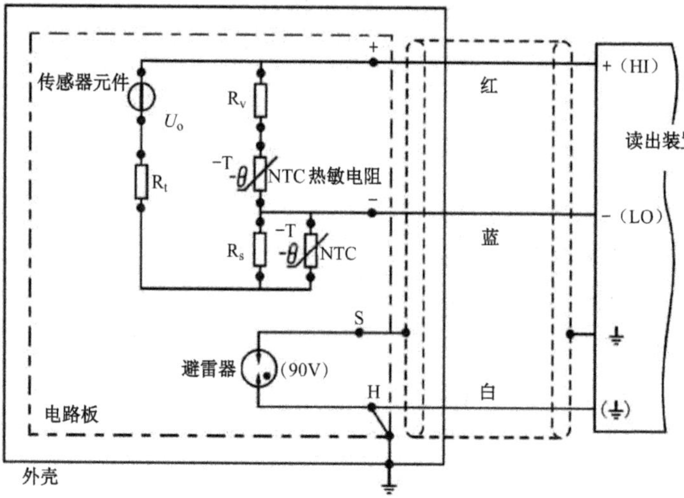

图 14-3　地面辐射强度计电路图

更进一步地说，无论是否有太阳辐射（阳光明媚的日子高达约 700W/m^2），地面辐射强度计得到的测量值应该是一样的。对地面辐射强度计来说，短波辐射是一种干扰信号。地面辐射强度计主要应用于气象领域，它们的视角范围在 150° ～ 180° 之间。

实际的传感器元件包含一个黑化的接收器表面，传感器元件的加热会将热量散发到散热器（仪器外壳）。市场上大多数传感器使用热电堆产生电输出信号。集成热电堆的传感器元件与日射强度计中的元件差不多。地面辐射强度计中的传感器元件同样需要保护，以免受到诸如风雨等环境的影响。对于长波辐射，在玻璃或石英圆罩内不能使用，这就需要使用硅窗以允许长波辐射透射。硅窗需要镀制金刚石（硬碳）薄膜以保护其不受外部影响，硅窗下面是一个日盲（干涉）滤光片。

用于长波辐射测量的各个测量变量需要进行区分，因此，需要对其进行全面的观察和记录。

然而，不能随便地用简单的手段对地面辐射强度计进行校准。通常，对这些仪器校准需要使用“绝对黑体”校准单元。只有通过国际校准中心或附属制造商的校准设施进行校准，才能得到可比较的测量值。

第 15 章

净辐射传感器

净辐射传感器用于测量天空（包括太阳和大气）向下投射和地表（包括土壤、植物、水面）向上投射的全波段辐射量之间的辐射平衡，净辐射传感器的上、下传感器都有 180° 的视场角，如图 15-1 所示。

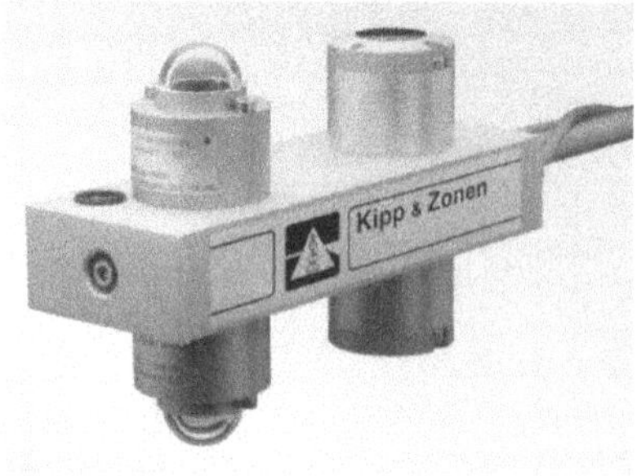

图 15-1　净辐射传感器

为了测量这类辐射平衡，必须同时测量短波辐射和长波辐射。这种平衡不仅在很大程度上影响气象现象，还影响植物的生长。因此，净辐射传感器的主要应用领域是农业、气象领域。

短波辐射和长波辐射的精确测量几乎不可能仅由一个传感器完成，因此净辐射传感器大多由 4 个独立的传感器组成。

其中，两个用于测量短波辐射（日射强度计），一个传感器面向上，另一个传感器面向下；另外两个传感器测量长波辐射（地面辐射强度计），同样一个传感器面向上，另一个传感器面向下。其电路图如图 15-2 所示。

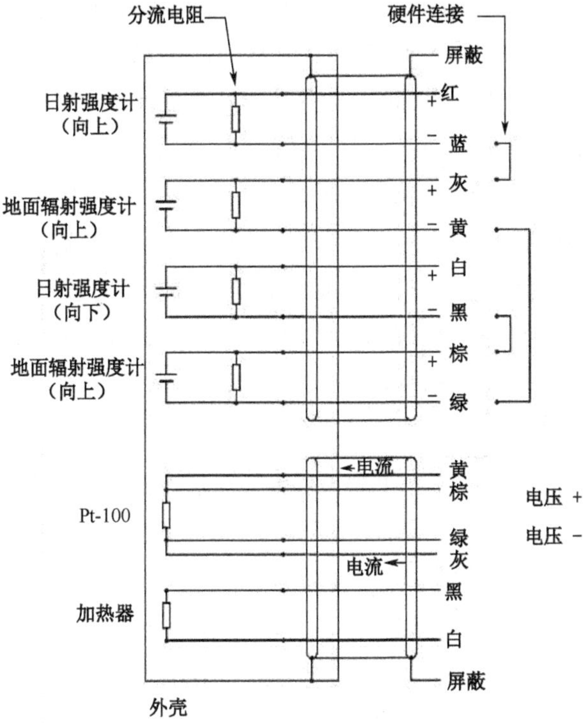

图 15-2 净辐射传感器电路图

将各个传感器元件通过差分电路连接来得到辐射平衡。每个传感器元件都需要进行单独的校准。重要的是，所有短波和长波传感器的灵敏度必须是一致的。

通过各个传感器系统的内部连接可以直接得到辐射平衡

值，单位为 W/m^2，如有必要可考虑其温度的影响（通常仅适用于长波传感器）。

由于这些传感器大多长期在现场中应用，因此设计时需要考虑防风雨。

此外，这些探测器需要满足无人测量和免维护的要求。

对于短波传感器来说，我们在传感器系统防护方面已经有足够的经验，也获得了相关的技术。短波传感器（如日射强度计）可以安装玻璃圆罩，因为它们有足够的光谱带宽。

然而，由于玻璃圆罩的光谱特性，使得它不能用在长波传感器上。这些长波传感器大多装有硅窗，或以更简单的形式装上塑料圆罩（如使用聚乙烯材料等）。塑料圆罩有时只有0.05mm 的厚度，因此，这些圆罩无法自我支撑，大大降低了传感器户外应用的稳定性，使它们抵抗紫外线辐射和机械影响的能力有限。

图 15-1 展示了一个净辐射传感器系统，每个传感器都安装在自己的外壳内，所有传感器一起安装在一个底盒上。底盒为每个传感器的电气连接、温度传感器（1 个）和加热元件（1 个）提供空间。

对于科学测量，也可以单独读取单个传感器的输出信号。例如，上面的短波传感器就可以成为一个全功能的日射强度计。

对于简单的日常测量，净辐射信号通常是足够的。为此，可以选择市场上不同结构的传感器，建议采用配备有塑料圆罩的传感器，以满足光谱要求。然而，投资者仍然鼓励开发没有圆罩的传感器。因此，在市场上也出现了这种无圆罩的结构。

但是，一方面由于信号对风力条件的依赖性较强，这种坚固的、无圆罩的设计优势被削弱。另一方面，对于大多数应用来说，风速是同时测量的，必要时进行修正是没有任何问题的。

无保护罩的净辐射传感器如图 15-3 所示，在图中，可以非常清楚地看到净辐射传感器黑化的传感器表面。

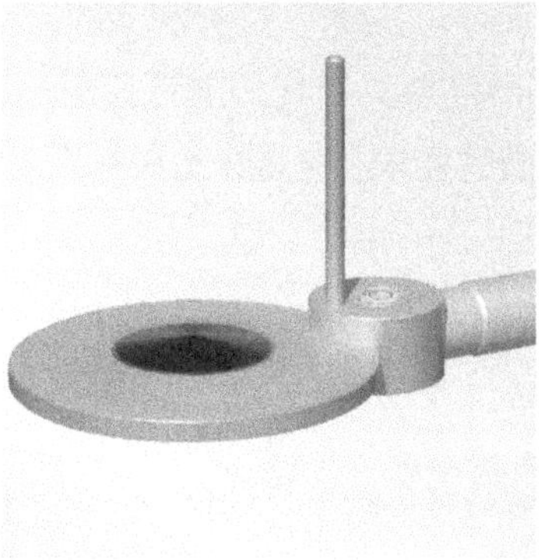

图 15-3 无保护罩的净辐射传感器

在农业部门的许多测量设备中都可以发现这种轻而坚固的结构设计。现在，在葡萄栽培和玉米种植方面的测量中，例如蒸散量的测量，这种结构都是标准设计。

能量平衡和地表蒸散对植物生长具有决定性作用，从而对各个地区的果实质量和作物产量产生了显著的影响。各种测量及根据测量结果采取的措施，如植物的遮蔽和浇水等，对于达到预定的果实质量和作物产量是非常有必要的。

安装日射强度计和地面辐射强度计的规则相同，该规则同样也适用于净辐射传感器对合适的测量地点的选择和安装场合。

通常，树的阴影等对短波传感器的不利影响是很明显的，但也很容易避免。然而，在白天，升温后的墙砖或道路表面发射的长波辐射很难和墙壁的反射区分开来，这点在测量时需要多加留意。

在科学应用和校准中可以采用高精度传感器系统，如图 15-4 所示。它集成了高精度的日射强度计和地面辐射强度计，测量精度较高。

净辐射传感器需要具有光谱非选择性灵敏度的传感器系统，才能达到光谱的要求。这意味着只有采用热电原理的传感器才满足条件。

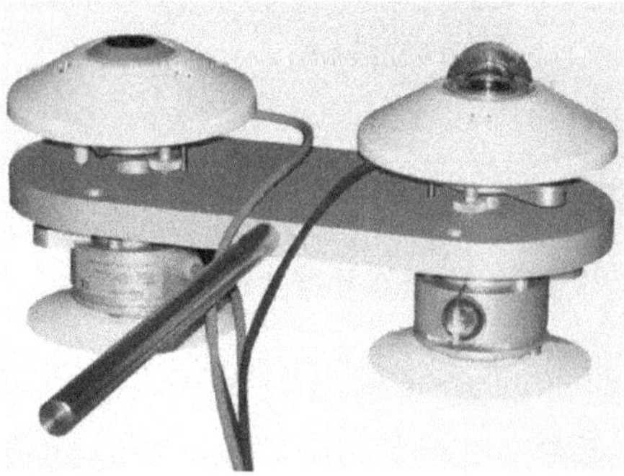

图 15-4　使用精密传感器测量净辐射

第16章

反照率计

在气象学中，反照率是测量漫反射表面的二次辐射量，即测量地球表面或大气的太阳辐射的反射量。例如，新鲜的雪反射了近 75%～95%的短波太阳辐射，而地面只反射了 5%～35%的短波太阳辐射。

反照率的测量是用 2 个日射强度计完成的，向上传感器接收太阳总辐射，向下传感器接收地面反射的辐射。这种 2 个日射强度计的组合被称为反照率计，如图 16-1 所示。

图 16-1　反照率计

这两种传感器都具有同样的灵敏度，这是至关重要的。向下的传感器配备了一个锥形屏，它可以在日出和日落时阻止太阳辐射到传感器。

反照率计的测量值和传感器下方的地面组成有关。为了使不同测量点得到的测量值具有可比性，在某些指南（如 WMO，VDI）中规定，反照率计应安装在地面以上 2 米的高度处。反照率计及安装杆结构如图 16-2 所示。

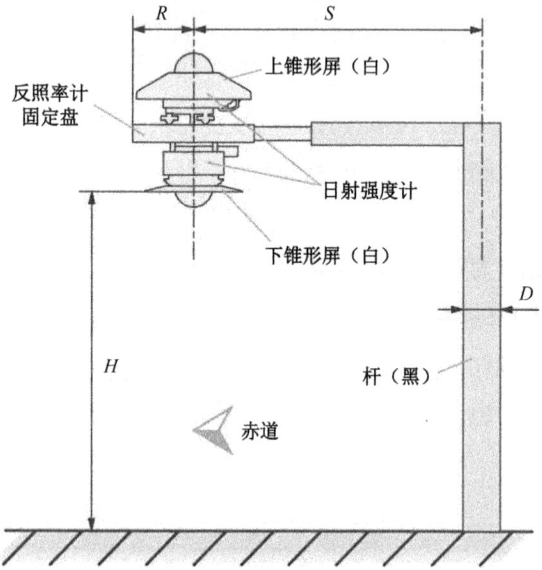

图 16-2　反照率计及安装杆

反照率计的结构和部件不能遮挡传感器的视野，否则会使测量值失真。仪器中不可缺少的结构件和电缆应该始终指向最近的地极点，如在欧洲要朝向北极，以防止在传感器上投下阴影。

反照率计分别有两个不同的电信号输出。反照率为反射辐射信号值除以总辐射信号值。

第17章

紫外线传感器

紫外线辐射及其影响

紫外线辐射是太阳发射的电磁辐射（自然太阳辐射）光谱的一部分。到达地球的太阳辐射大致包括：

- 50%的可见光
- 40%的红外辐射
- 10%的紫外线辐射（主要是UVA）

就其生物效应而言，紫外线辐射可分为：

- UVA　320～400nm（产生荧光）
- UVB　280～320nm（产生红斑、维生素 D、光合作用）
- UVC　100～280nm（导致晒伤、结膜炎）

对许多应用来说，太阳辐射中紫外线辐射含量的精确信息是非常重要的。

以下的应用中必须有针对性地给出一些指数：

- 气候学　　测定臭氧层的高度
- 人体防护　　紫外胁迫（皮肤病学/晒伤）
- 农业　　动植物的紫外胁迫

- 材料试验　　　抵抗紫外线

紫外线辐射比可见光和红外辐射释放出更多的光子能量，因此，在许多情况下对材料的影响要大得多。

然而，测量紫外线辐射是非常困难的，因为它的能量相对于在同一时间到达地球的可见光辐射的能量来说是相当小的。更重要的原因是它的高度不确定性，这是由大气中臭氧浓度的变化引起的，在 280～320nm 波长范围内，臭氧的含量随着波长的增加而急剧增加。紫外线辐射也受到气溶胶和云的影响，表面多次反射（例如，大雪覆盖的区域）也会对其产生重大影响。

测量紫外线辐射越来越重要，尤其是考虑到大气中臭氧层的持续变化，以及紫外线对环境和身体健康带来的影响。

短波 UVB 辐射每个光子发射的能量比长波 UVA 多，但太阳能的主要部分仍然来自于长波段。

红外辐射会加热材料，使其软化、融化等。

可见光会导致材料颜色和热应力的变化。

紫外线辐射会导致分解、老化、脆化和材料变色等问题。

辐射对特定材料特性的影响及其引起的变化也适用于涂层和黏结面。人体皮肤这种“材料”也会对辐射有反应。因此，材料测试的任务之一是确定防晒产品的保护因子等。

紫外线辐射及其对人体皮肤的影响

紫外线辐射的一些积极影响：

- 激活皮肤中维生素 D
- 治疗皮肤病（牛皮癣、痤疮）
- 改善健康状况

然而，高剂量的辐射会造成相当大的损害：

- 皮肤萎缩
- 基因突变
- 皮肤癌

UVC 辐射几乎完全被大气中完整的臭氧层吸收。因此，平流层、臭氧层是防止危险紫外线辐射的保护屏障。在地球上，普通玻璃能够吸收波长小于 300nm 的辐射，特殊的紫外玻璃和石英玻璃除外。

近年来，紫外线对人体皮肤的影响已经得到普遍重视，原因在于平流层、臭氧层被氯氟烃（CFC）严重破坏。臭氧通常是一个有效的紫外线辐射过滤器，但也可能对健康有害，因此，臭氧和紫外线辐射的平衡引起大家的广泛关注。

关于人体皮肤，应该注意的是短波高能量的 UVB 辐射被表皮吸收，而长波低能量的 UVA 辐射侵入深层皮肤（真皮层）。

UVB 辐射引起表皮增厚。超过一定限度的辐射剂量会导致晒伤，两三天后会出现皮肤色素沉着，然后皮肤会产生黑色素，以预防进一步的辐射损伤。

紫外线指数

为了便于理解紫外线强度，我们构建了紫外线指数。紫外线指数由加权测量值（根据 DIN 5050 的红斑功能谱）组成，表示到达地球的红斑辐射的每日最大值。

目前，这种紫外线指数被国际公认为评估晒伤风险的标准，更高的紫外线指数等同于更高的晒伤风险。

UV 指数列出了以下所有红斑值：

- 在世界范围内 1～12

- 德国 1～8

人类必须暴露在阳光下一段时间才能晒伤。但是，当皮肤开始变红时，意味着已经超过了最大的红斑剂量，可能会导致晒伤。最大红斑剂量取决于每个人的皮肤类型，它按照紫外线指数分为六类，从敏感型（极浅肤色）到具有自然保护的深色皮肤型。每种皮肤类型都有一个最小红斑剂量（MED/H）。已经晒黑的人可以在阳光下停留的时间大约是没有晒黑的人的两倍。

需要注意的是人类皮肤可在一定程度上保护自己免受辐射，人类的眼睛却不能。紫外线照射人眼可能导致角膜炎，甚至发展成白内障。

根据皮肤的红斑功能，由具有额定输出特性的专用 UV 传感器获得测量值，再以此推导出 UV 指数。基于波长 297nm 在单位面积上的辐射量得到以下推算：

$$0.1\mathrm{Wh/m^2} = 360\mathrm{J/m^2}$$

建议采取以下保护措施。

- 紫外线指数 1～2：无须保护
- 紫外线指数 3～7：需要保护
- 紫外线指数 8～12：需要最大限度保护

应该遵循以下建议：

太阳的位置越高，紫外线辐射的量就越大	应该避免在正午的阳光下晒太阳
离赤道越近，紫外线辐射就越强	到赤道地区旅行需要特殊防护
晴空的 UV 辐射最强	高达 90%的紫外线辐射能穿透云层
海拔位置越高，紫外线辐射的含量就越高	每向上 1000m 辐射会增加 10%～12%

续表

地面反射会增加紫外线的影响	沙子的反射率高达 15%，雪的反射率高达 80%
紫外线辐射穿透水	它在水下 0.5m 处的强度仍然有 40% 左右

紫外线传感器

紫外线传感器的主要结构是漫射器、滤光片和光电二极管。漫射器可以减小角度误差，滤光片有助于获得所需的光谱特性，光电二极管确保输出与 UV 辐射强度成比例的输出信号。

紫外线传感器有时必须用于恶劣的天气环境或工业环境。因此，玻璃或石英圆罩必须具有极强的抗灰尘和划痕的能力。而且，它们必须具有可溯源至国际标准的预校准。

主要有以下三种不同类型的传感器用于紫外线辐射的测量。

（1）宽带传感器，光谱范围大概为 300～400nm。

（2）窄带传感器，只过滤出光谱的某一部分，以便获得有关这部分光谱的精确信息。

（3）分光光度计，按顺序测量每个频率的辐射能量来获得测量值。

宽带传感器

在一些应用场合，确定太阳辐射或人工辐射（太阳模拟）影响下材料特性的变化非常重要。在这里，宽带紫外线传感器得到了主要的应用。在紫外线辐射下的材料测试领域，使用紫外线传感器变得越来越普遍。目前许多材料，例如，用于汽车工程的合成材料、清漆、黏合剂等，必须通过大量的测试程序。此外，用塑料包装进行销售的饮料和食品也要经过广泛的测试，包括保质期和颜色变化等。宽带紫外线传感器如图 17–1 所示。

图 17-1　宽带紫外线传感器

自然光照下的材料测试需要几天、几周或几个月，为了避免这种情况，可以使用更高能量且类似光谱的人造光源，在更短的时间内获得显著的结果。这使我们有可能更快地看到辐射的影响。

由于生产工艺方面的原因，宽带紫外线传感器的机械构造通常基于与日射强度计类似的元件进行设计。优点是这两种类型的传感器都可以使用相同的附件和耗材。宽带紫外线传感器机械结构如图 17–2 所示。

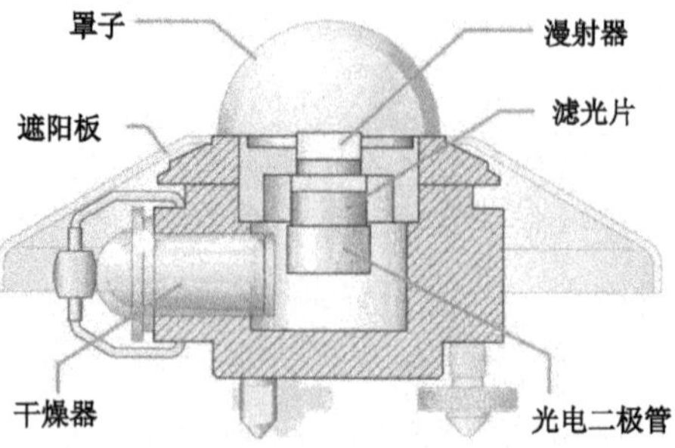

图 17-2　宽带紫外线传感器机械结构图

光电二极管作为实际传感器元件，与滤光片一起确定了传感器的光谱特性。宽带紫外线传感器通常测量 UVA 和 UVB 辐射的整个范围，相当于 300～400nm 的频谱范围。实际上，滤波曲线并不是棱角分明的理想曲线。这就是制造商几乎总在单独的图表上给出实际传感器灵敏度曲线的原因。图 17-3 显示了一个真实传感器的光谱曲线。光谱灵敏度的值在数据手册中通常会被列出，一般是在最大值的 50%左右。在这种情况下，它的范围是 315～378nm。

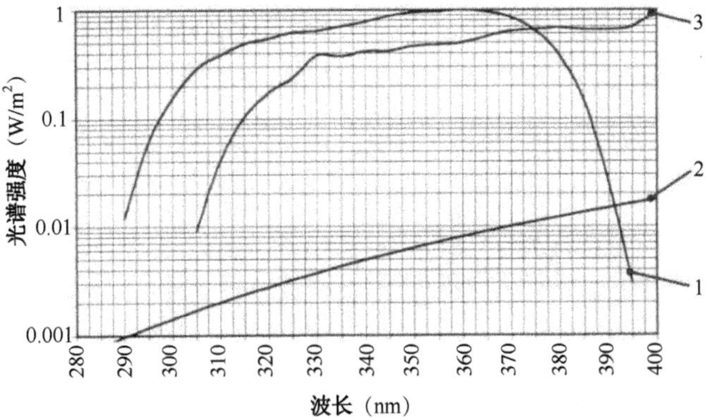

图 17-3　宽带紫外线传感器光谱曲线

通常，输出信号（主要是电压）与传感器漫射器表面（接收器表面）所对应的频率范围内的 UV 辐射强度相关。因此，传感器需要按照标准方法进行校准。由于校准条件可能随着制造商各自的程序而变化，特别是对紫外线传感器的校准，没有有效的总体标准，因此，需要特别关注制造商在传感器手册中给出的校准细节。

关于太阳紫外线辐射的测量，要记住大气中分子的平均散射（瑞利散射）程度大约为 50%；对于较高天顶角的太阳，散射约为 30%；当入射角为 10° 时，散射接近 88%。此外，要注意散射辐射的光谱可能不同于总辐射(散射辐射+直接辐射)的光谱。另一个不能被忽视的是，在 320nm 以下光谱范围内的太阳辐射强度会降低。

使用人造紫外光源进行的测量和其光谱特性有关。在任何情况下，都建议根据光谱数据进行修正，这比直接通过大气测量的问题少。

宽带紫外线传感器的电路如图 17–4 所示。光电二极管输出的电压与输入的紫外线辐射成正比。一个电阻 (分路) 并联到光电二极管，光电二极管发射的电流在分路电阻上产生一个成比例的电压，这个电压将作为输出信号。

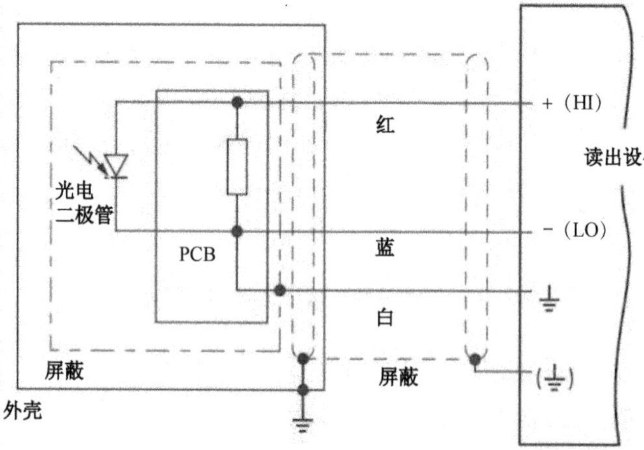

图 17-4　宽带紫外线传感器电路图

具有额定输出特性的宽带紫外线传感器

如果材料 (如人体皮肤等) 只对某些频率的紫外光有非常强烈的反应的话，那宽带传感器就不总是有用的。解决方法是使用窄带传感器或具有额定输出特性的宽带传感器，这些传感器考虑了人体皮肤的红斑功能（根据 DIN 5050，CIE 1987）。红斑函数曲线如图 17-5 所示。

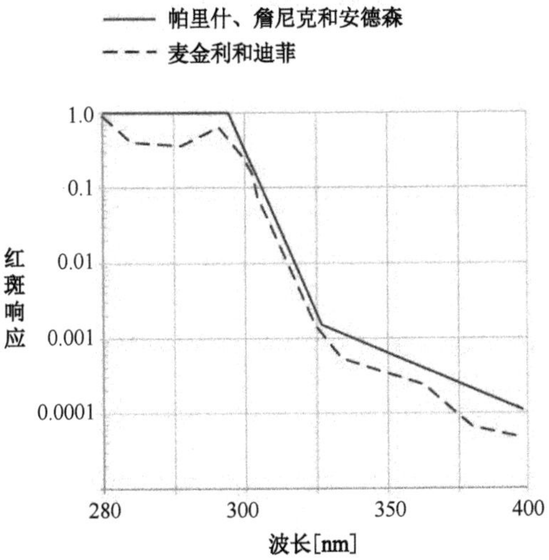

图 17-5　红斑函数曲线

对于这种类型的紫外线传感器，被测变量的转换（紫外线辐射→可见光辐射）通常是通过荧光物质（磷光）频率转换来完成的。紫外线辐射转换为可见光辐射的过程如图 17-6 所示。因为频率转换在可见光谱内产生的颜色范围不同，各个类型的传感器在有些细节上是显著不同的，这取决于传感器的类型和制作。电信号的转换是由不同彩色灵敏度的光电二极管完成的。这些光电二极管通常配备有滤光片，以阻止不需要的颜色成分到达二极管。

传感器的功能原理主要由以下组件决定：

- 石英圆罩，影响余弦误差；
- 磷膜、滤光片、光电二极管和电子元件，调整红斑曲线，影响温度稳定性。

具有红斑测定的紫外线传感器，如图 17-7 所示。

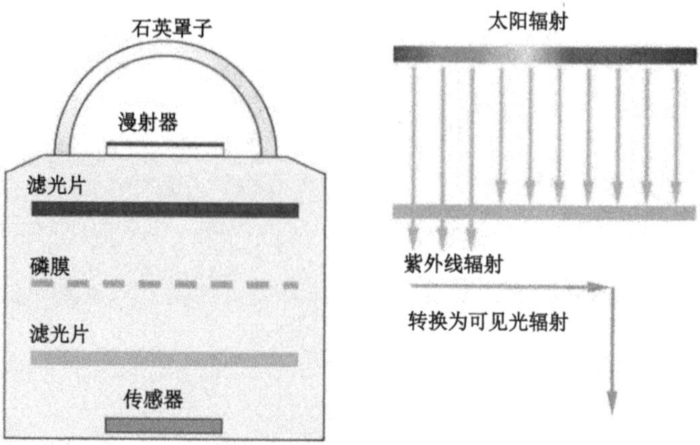

图 17-6　紫外线辐射转换为可见光辐射的过程

图 17-7　具有红斑测定的紫外线传感器

窄带传感器

简单的窄带传感器在大致结构上与宽带传感器只有很小的差别。这类传感器的带宽在 2～10nm 之间。为了保持其光谱稳定，并满足高精度的要求，窄带传感器内部通常配备加热或制冷元件（例如，珀耳帖元件）、温度电阻和电子控制单元，用于稳定传感器的温度。此外，还内置一个额外的温度传感器用于监测温度，这个测量信号也可以提供给用户。

但是，这些电子温度控制单元很大程度上增加了这种传感器的总支出。为了保证传感器的长期稳定性，对所有传感器组件进行彻底的测试是非常重要的。

窄带紫外线传感器大多配备了紫外光电二极管作为传感器元件。

附加的滤光片（在许多情况下不止 1 个）和漫射器决定这类传感器的带宽。

在气象学中，除了分光光度计之外，还经常使用窄带传感器，因为它们可以发出连续的测量信号。

这类传感器也非常适合工业应用，如监测材料上的辐射等。

分光光度计

分光光度计是确定电磁辐射强度相对于其波长或频率的传感器，也就是说分光光度计是用来测量和分析辐射光谱的，如图 17–8 所示。

不同的应用领域，测量光谱也不同。大气紫外线辐射测量的光谱范围是 280～360nm。单个测量点的增加也取决于应用范围，测量步长可以小到 0.5nm。由于这些仪器的功能原理，仪器需要一定的时间（如 15 分钟）来测量整个光谱范围。

分光光度计结构示意图如图 17–9 所示。

图 17-8　分光光度计

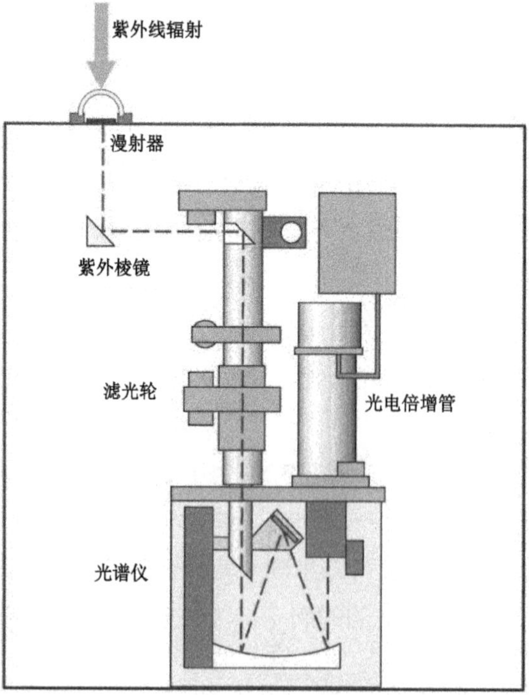

图 17-9　分光光度计结构示意图

由于臭氧空洞，过去几年来，UVB 辐射大大增加。分光光度计被用于UV和臭氧的测量。例如，世界卫生组织(WMO)

的全球臭氧观测系统项目计划在全球范围内测定 UV 和臭氧的值，这个项目于 1957 年启动，已经记录了过去几十年间出现的臭氧空洞情况。

这里特别需要注意的是 UVB 辐射的份额，因为这部分具有生物活性，并且受到大气臭氧的显著影响，其实际波长具有关键作用。人体皮肤的红斑效应是这方面关注的焦点。测量 UVB 最合适的仪器是分光光度计。

然而，与可见光辐射相比，太阳能 UVB 辐射的能量较低，这使得 UV 传感器必须有效地过滤掉可见光辐射。在分光光度计中，这可以通过使用单色仪来实现。单色仪的输出通常配备一个光电倍增管，或者在不太复杂的仪器上配备一个 CCD 元件。

分光光度计对维护和服务有最低要求。因为在紫外光范围内进行校准非常困难，需要大量的专业知识，所以，分光光度计的校准过程相当复杂。分光光度计通常需要在特定测量地进行校准。在重新校准的过程中，必须确保单色仪达到一定的单点测量频率。

在进行校准时，重新调整用的光源是一个特殊问题。它可能是太阳，也可能是人造光源，太阳辐射会受到大气瞬间状况的巨大影响，而人造光源的影响来自于它的光谱总是与太阳的不同，而且它的寿命有限。

由于仪器的复杂性，需要完全按照制造商的说明书操作。在这个领域，维护和校准通常由制造商自己或授权的合格分包商完成。

为了更好地监测仪器及其功能，仪器中会加上一个参考光源，以便定期检测传感器的稳定性。

第18章

日照时数传感器

在之前的章节中提到的被测量都是与辐射强度成比例的。但是谈到日照时，我们总会想到在漫射的天空中一轮耀眼的太阳。在这里，我们需要找出一个确切的定义，用来表明太阳正在照射大地，以及辐射强度达到某一值。

这并不是一个新问题。日照或日照时数已经被很多气象研究机构测量了很长时间，所用的仪器是一种专门为此目的开发的坎贝尔-斯托克斯（Campbell-Stokes）日照记录仪，如图 18-1 所示。这种坎贝尔-斯托克斯仪器把太阳光聚焦在一个玻璃球内，从而将一个轨迹烧到一个记录带上。随着太阳的倾斜，每天产生一个单独的记录带，但是这些记录带需要手动更换。然后通过测量记录轨迹的长度来确定一天的日照时数。这个测量过程的关键在于跟踪轨迹开始的阈值设置。这个数值应该与从“无阳光状态”到“阳光状态”的转换点保持一致。尽管这种结构似乎是理想的，但存在着一台仪器与另一台仪器不一致的问题。此外，这种仪器高度依赖于环境温度和记录带的材料。尽管存在这些问题，坎贝尔-斯托克斯仪器作为一个标准仪器已经使用很多年了，并且由几家制造商制造和销售，许多国家的气象局都将其作为参考或标准。

与仪器没有“日照”的电子输出信号相比，也不允许任何“自动操作”。

图 18-1 坎贝尔-斯托克斯日照记录仪

但是，现代通信系统、数据网络和计算机支持的信息系统都需要直接测量输出。如今，由于人员成本的增加，对人员的资质要求，以及对在线连接的青睐，任何人工的操作、数据获取和记录都不再被接受。此外，这类仪器应该用于更加暴露的地方和极端环境条件下。

日照时数测量可以作为不同应用领域长期监测的好方法。

人们越来越希望测量系统没有任何机械运动部件，因为这保证了系统可以长期不受干扰地运作。“自动”测量站的要求加快了新概念的发展。但是，随着现代网络的广泛应用，测量系统和原理的兼容性是获得可比较检测结果的先决条件。

通过对大量使用这些仪器的测量站的测量数据进行分析，发现“日照”的阈值在 100～200W/m^{2}之间。1981 年，世界气象组织（WMO）将 120W/m^{2}定义为“日照”的阈值。

日照时数的定义是指太阳直接辐射的时数。为了科学起见，太阳直接辐射通常用指向太阳的太阳热量计进行测量。然而，测量仪器指向太阳，必须对太阳进行跟踪，因此设备非常复杂和昂贵。其他更简单的系统，如日射强度计，用于测量总辐射。

在 19 世纪末期，开发了许多具有新颖构架的仪器。但是，它们中的大多数没有电信号输出，因此在接下来的几年中被遗忘了。20 世纪初，美国（美国气象局）开发了一种新概念的仪器，被称为 Maring-Marvin 日照记录仪，并在许多年里都被美国气象局作为标准仪器。不过，这种仪器需要用户的经验和特殊的专业知识。福斯特（Foster）和福斯克特（Foskett）（也来自美国气象局）随后开发了一个后续的仪器。这个仪器被称为“福斯特日照开关”，取代了 Maring-Marvin 日照记录仪，成为美国气象局（今美国气象部门）的标准。福斯特日照开关确实有电信号输出，它装备了两个硒光电池，其安装方式是其中一个硒光电池被遮光环遮蔽，只接收散射辐射，而另一个则暴露在总辐射下。然而，当第二个硒光电池由于天空的云层也只能接收到散射辐射时，两个输出信号恰巧是相同的。

一些开发人员提出的其他结构也采用遮挡的方法。有些结构使用旋转遮阳装置，因此具有可移动的部件。有一种仪器可以认为是在福斯特日照开关基础上的进步，这就是代尔夫特 Kipp＆Zonen 日照时数传感器，如图 18-2 所示。同时，这个仪器也是欧洲最常用仪器之一。

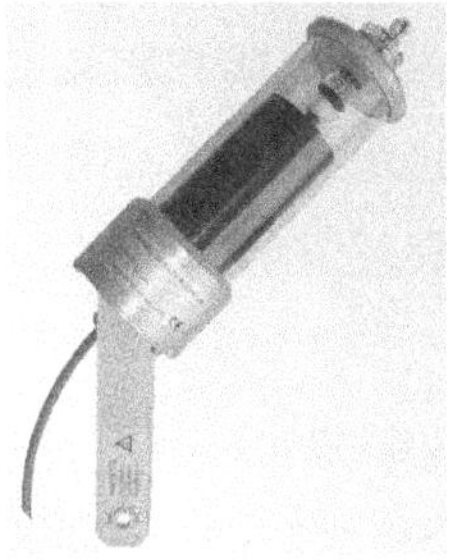

图 18-2 日照时数传感器

该仪器配备三个光电二极管，其工作原理与福斯特日照开关类似，可以描述如下。

日照时数传感器的安装如图 18-3 所示，传感器 D1 同时接收直接辐射和散射辐射。传感器 D2 和 D3 采取某种排列和遮挡方式使它们其中一个朝向远离太阳的方向，从而检测到散射辐射。然后，内部电子器件会识别出正在测量散射辐射的那个传感器（D2 或 D3）。

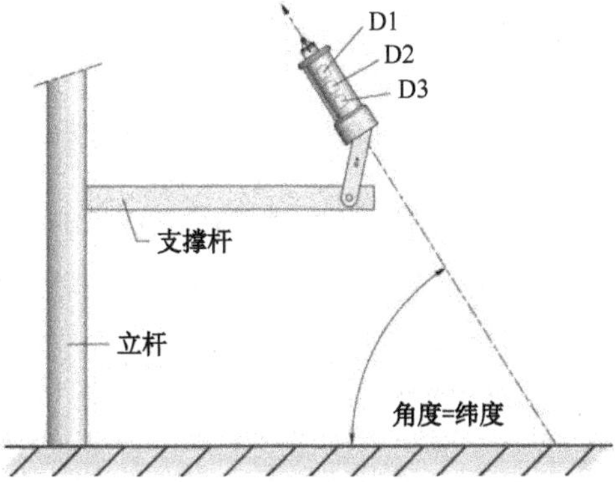

图 18-3 日照时数传感器的安装

经过一定的计算过程（测量信号 D1 减去 D2 或 D3 中较

小的信号），就可以得到与太阳直射辐射成比例的测量信号。然后，这个信号被传送到比较器，该比较器指示是否超过了120W/m^2的阈值。如果超过阈值，仪器的电气输出信号将从0切换到+1。

但是，只有仪器免维护地运行，获取电信号的要求才能得到满足，这就需要一个机械结构来实现这一点。福斯特日照开关的机械设计经过Kipp&Zonen修改后允许测量全球所有地理位置的日照时数，如图18-4所示。传感器在安装过程中的机械定位非常简单。

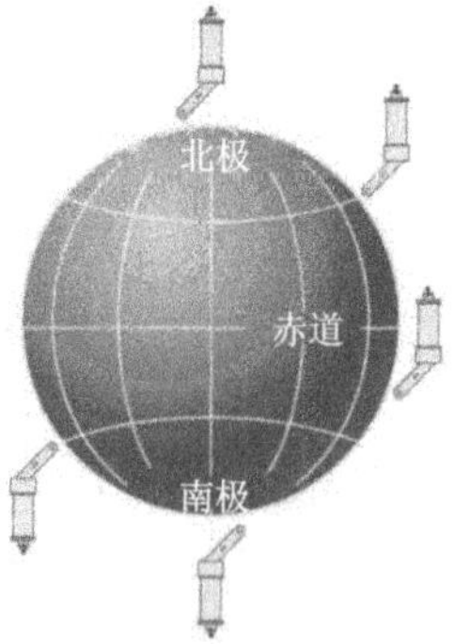

图18-4 日照时数传感器的方向位置

传感器的方向应该平行于南北轴，如图18-3所示。实际传感器的倾斜角度的调整应该与纬度相关。季节性的重新调整是没有必要的，这些传感器上，漫射器的特殊结构保证了它与季节性影响无关。

仪器内部配有一个两级加热器，以减少在极端条件下使用时的误差。一级加热防止湿气，二级加热防止霜冻和结冰，即使在-15℃的低温下，雪也能被融化。这个加热器的电源电压都是 12V，同仪器的电子元件一样。这甚至可以使仪器在 -30℃～+70℃的环境温度下运行。

图 18-3 显示了仪器的安装和调整方式。仪器的正确安装很重要，它必须安装在一个全天（只要太阳在地平线以上）太阳直接辐射都可以到达的地方。一定要避免高于地平线 3° 以上的障碍物，立杆和单元支架的阴影也不可以落在上面。如果传感器已经严格按照说明进行了调整，则不需要季节性调整方向。把它调整到南北方向的最好时间是在夜间，此时可以清楚地看到北极星。另外，也可以在指南针的帮助下完成，但要考虑到赤纬。

坎贝尔-斯托克斯仪器的调整和修正相当困难，必须在短时间内定期进行。原来的福斯特日照开关，需要按四个季节进行调整。上述改进的 Kipp＆Zonen 日照时数传感器不再需要调整。

即使在极端的气候条件下，这些仪器都能满足无人值守和自动运行的要求。

然而，必须考虑到这些仪器没有使用热电堆传感器，因此信号在一定程度上和频率相关。在实际使用中，与使用太阳热量计追踪太阳进行比较实验，比较测量表明，每天的偏差只有几分钟。这种传感器在日常测量中的偏差是可以接受的。

为了获取更科学的数据，许多国家的气象部门不仅使用太阳热量计跟踪太阳，而且还使用日射强度计测量总辐射。如果除了总辐射值之外，还想知道白天时间及太阳的天顶角，则可以借助公开的算法判断是否超过了“日照”的阈值。但是，这只能用电脑完成。因此，这种方法只适用于有网络的状态。

第19章

光传感器

光传感器是根据国际照明协会（国际照明委员会）的建议来测量照度的测光仪。光传感器的另一个名称是照度计，如图 19-1 所示。

图 19-1　光传感器（照度计）

前面提到的所有传感器都是以 W/m^2 为单位来测量辐照度的。然而，太阳辐射还包含人眼不可见的部分。因此，日射强度计输出的值和人眼的亮度感觉不相符。光传感器的光谱响应如图 19-2 所示。

人眼的光谱灵敏度由国际照明委员会（CIE，Commission Internationale de L'Eclairage）定义为“标准观察者曲线”，此标准曲线适用于日光条件。

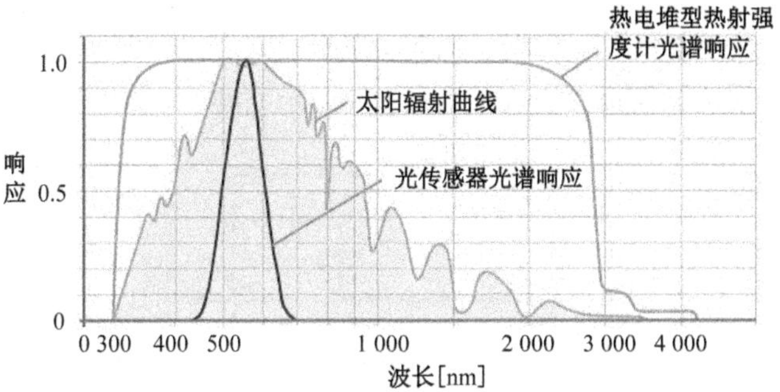

图 19-2 光传感器的光谱响应

如果测量是以人感觉的亮度作为基础进行评价的，那就要用光传感器（照度计）。光传感器的视场角应该是 180°，其电信号输出是按照勒克斯（LUX）这个物理测量单位来校准的。

光电传感器根据光电原理工作。传感器元件以前用硒制成，现在的传感器普遍采用光电二极管（硅二极管）。

然而，仅使用光电二极管并不能制造出一个实用的照度计。一个照度计通常还包括漫射器、滤光片和其他用于校准和调整灵敏度的元件。漫射器和滤光片决定了传感器的光谱特性和视场角。

市场上有内部和外部使用的光传感器。由于其光谱特性（尤其是每个 CIE 标准曲线），所有仪器几乎都适用于外部使用。但是，对于长期在外部使用的传感器，必须将其放入合适的外壳中，并加上适当的电缆进行连接。

光传感器的组装和安装与日射强度计类似。

在内部使用时，通常不需要坚固耐用的设计。

对于人造光，传感器的光谱灵敏度必须不同，因此需要对该光的色温进行校正。另外一个重要因素是人造光的调制，特别是气体放电灯或荧光灯具有行频脉冲或变压器频率脉冲，特殊的电子低通滤波器可以弥补这一点，如图 19–3 所示。

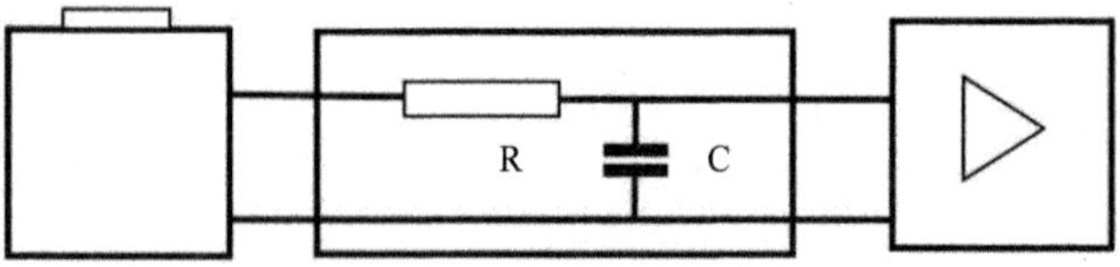

图 19-3　配合人造光使用的低通滤波器

光传感器中使用的传感器元件（光电二极管）通常会产生高输出信号（如 10mV/100kLux）。然而，这些传感器的输出阻抗低于 1kΩ。光传感器电路图如图 19–4 所示。

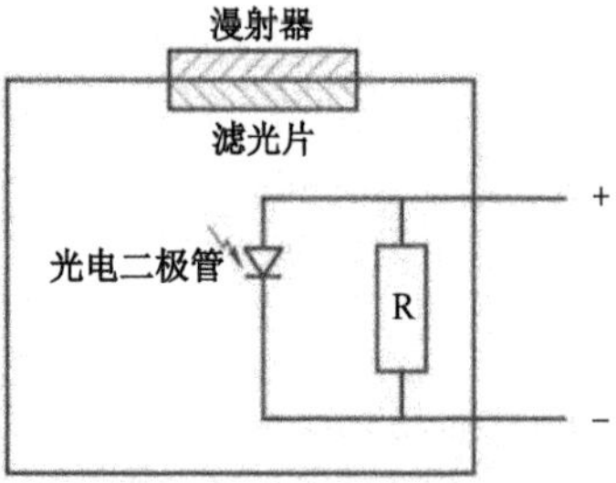

图 19-4　光传感器电路图

这意味着后续的电路应具有足够高的输入电阻，输入电阻应至少为前一个输出阻抗的 100～1 000 倍，从而将误差保持在可接受的范围内（与预期的总体精度相比）。

根据使用手册中的公式和说明，也可以准确计算出误差。电缆延长造成的误差也有类似的影响，因此不应忽视。如果后续电路的输入电阻足够高，这些传感器的电缆延伸到 100m 都不会有太大的误差问题。

第20章

光合有效辐射传感器

太阳辐射具有很宽的光谱范围（300～3 000nm），只有一小部分对人眼可见（400～700nm）。光合有效辐射传感器（PAR）用于测量植物和种子光合作用的这部分光谱，如图 20-1 所示。

图 20-1　光合有效辐射传感器

光合有效辐射传感器的光谱灵敏度与光传感器的光谱灵敏度不同。为了测量对植物产生实际影响的辐射量，必须使用一个对该物理量能够正确测量的传感器。

光合有效辐射传感器的构造与光传感器的结构略有不同。虽然它们的视场角都是 180°，但漫射器、滤光片和实际的传感器元件必须做相应的改变。

从图 20-2 中可以看到，光合有效辐射传感器的光谱曲线。它的校准值与光传感器是不同的，因为光合有效辐射传感器是基于 mmol/s/m^2 进行校准的。这个单位表示每平方米落下的波长在 400～700nm 范围内的光子数。在自然的日光条件下做校准是有效的。

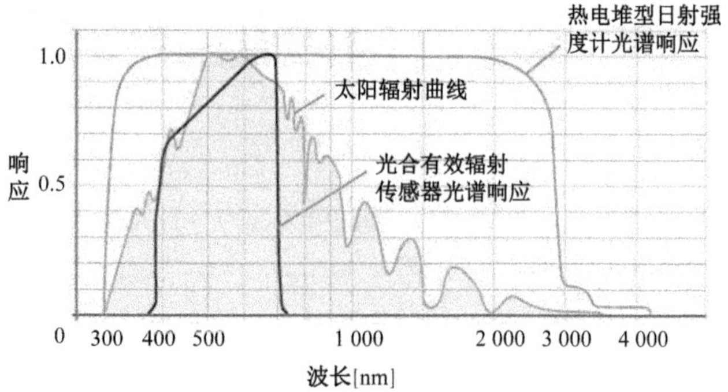

图 20-2　光合有效辐射传感器的光谱灵敏度

由于光合有效辐射传感器用于测量光合作用的辐射，因此，其主要应用于园艺和农业等领域。

光合有效辐射传感器的内部电路几乎与光传感器相同，光传感器与辅助设备连接的技术数据也同样适用于光合有效辐射传感器，但还是需要考虑数据手册给出的规格上的差异。

该传感器在 400～700nm 范围内测量“量子响应”。在光合作用过程中，每个光子都有相同的影响。波长较短（频率更高）的光子具有更高的光子能量。因此，光合有效辐射传感器对于较短波长的灵敏度小，而对较长波长的灵敏度高，这就导致了光谱梯度的线性上升。所有的测量数据都要基于晴朗的天空和 1.5 的大气深度（大气光学质量）环境条件。

第21章

传感器的辅助设备

通风装置

由于气象传感器的测量功能，它们必须安装在一个容易接近且不受任何障碍物干扰的位置上。但是，它们暴露在雨雪中，露水、霜冻、雨或雪都会引起测量误差。为了避免这种负面影响，可以让传感器的圆罩通风。

由于日射强度计和地面辐射强度计通常具有 180° 的视场角，所以让圆罩均匀地通风很不容易。因为各个传感器的设计和制造不同，许多通风单元之间存在显著的差异。

重要的是气流通过圆罩时不能对传感器的测量特性产生不利影响。进入的空气由通风机引导通过通风系统，产生过压（几个 mbar），并使其通过罩子底部的环形间隙逸出，逃逸的空气最后盘旋上升到圆罩顶部。通风装置如图 21-1 所示。

通风系统必须可靠，适合户外使用。传感器制造商通常提供经过仔细检查的通风系统。这些通风系统配备有热电阻，可以使空气温度升高一点，以适应可能有霜或露水的应用环境。然而，加温幅度不能太大（不超过+1℃），从而避免圆罩太热导致的测量误差。

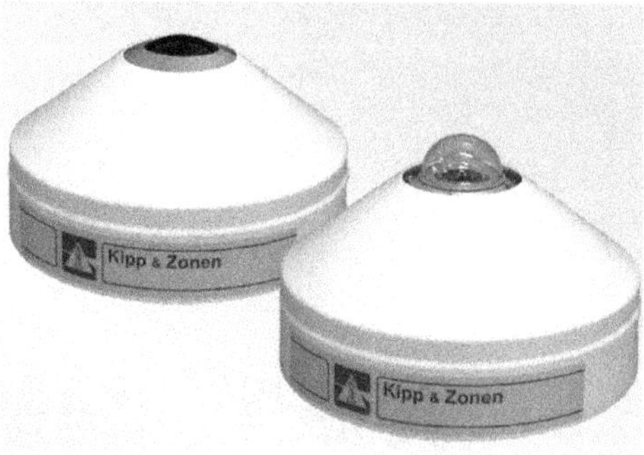

图 21-1　通风装置

经过充分验证的通风系统可以显著提高可靠测量的时间跨度，适应早晨的环境和所在纬度的气候条件的变化。

通风系统通常会稳定圆罩温度，从而减少圆罩的热量散逸（红外线传递）到一个晴朗而平静的天空。

为了提高可靠性，现有的通风系统还配备了可更换的空气过滤器，使空气保持清洁，免受沉积物的影响。通风装置的原理如图 21-2 所示。

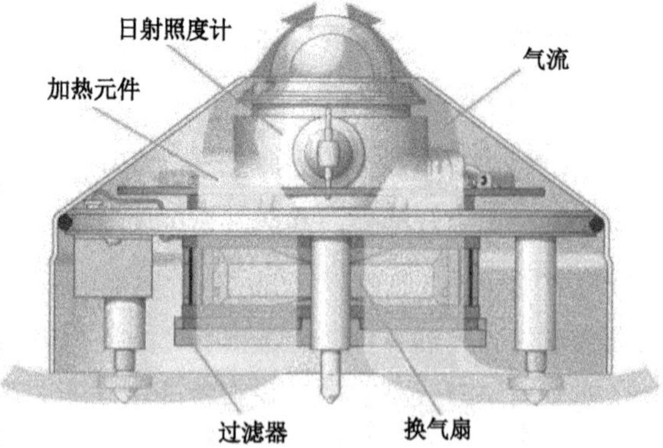

图 21-2　通风装置的原理

遮挡环

为了使用日射强度计测量半球的太阳散射辐射，有必要遮蔽直接辐射，使它不能到达日射强度计接收器的表面。这个遮蔽阴影必须保持一整天，而不必重新调整任何东西。

为此，日射强度计可以配备特殊的遮挡环。遮挡环的构架应该保证它在地球上任何地方都能应用。装有日射强度计的遮挡环如图 21-3 所示。

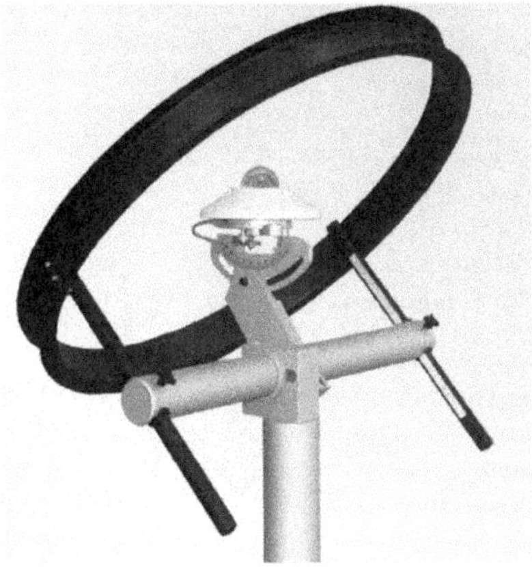

图 21-3 遮挡环（装有日射强度计）

遮挡环由一个特殊的轮廓组成，一年中提供几乎恒定的视角。但是，由于遮挡环通常也会获取一部分散射辐射，因此需要使用制造商提供的校正因子进行校正。

构架的设计有以下前提条件。

（1）圆形遮挡环的轴线必须与地球的极轴一致。因此，遮挡环轴线和地平线的夹角等于地理纬度。

（2）应该可以沿着环轴转动遮挡环，以便跟踪太阳的偏转。

（3）日射强度计的位置应使其接收器表面位于环轴中心。

由于遮挡环通常在户外连续使用，所以需要稳定的设计，特别是稳定的支撑，这样才可以承受极端的天气条件(如风暴等)。

遮挡环的装配和安装需要特别注意。要根据说明进行机械校准，并且南北对齐应该绝对准确。在安装调整时，必须要考虑真正的太阳时间，不要忘记太阳每分钟移动 0.25°。遮挡环的工作原理如图 21-4 所示。

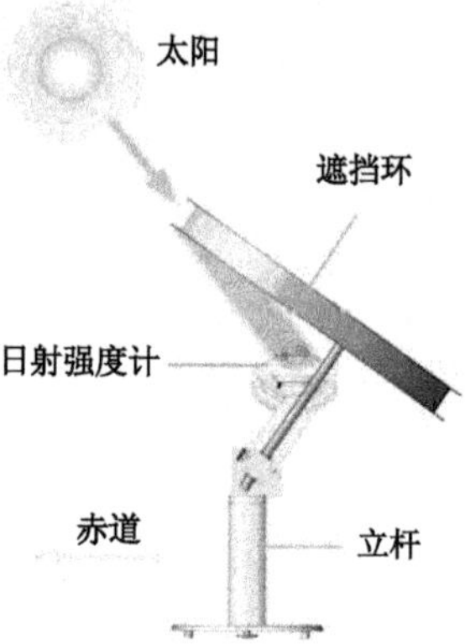

图 21-4　遮挡环工作原理

跟踪系统（跟踪器/定位器）

为了测量散射辐射，日射强度计必须加遮挡，即必须拦截接收器表面上的太阳直接辐射。手动调整遮挡环是一个解决方案。

太阳热量计必须指向太阳。这也可以通过手动定位器来完成，但是仅用于短期测量。这要求遮挡必须以最高的定位/跟踪精度进行，最大偏差仅为 0.5°。

为满足这两个要求，有两种不同的跟踪系统：

（1）视差系统；

（2）高度–方位跟踪器。

视差系统只有一个跟踪轴，其运动的坐标是与时间成正比的时角，这里所说的“时间”指的是在安装地点的“真实”当地时间，它由太阳的顶角得到。这个跟踪系统的调整必须是手动完成的，并且要考虑到太阳位置的年度变化（–23.44° ~ +23.44°）。监视仪器的跟踪轨迹是非常重要的，根据各自的系统，需要每天或每周进行检查，如有必要的话，可能需要重新调整。

由于地球和太阳轨道的数据在计算机系统上可以获得，只要将当地时间和地点等信息输入计算机，“真实”时间就可以被计算出来，跟踪器的精确调整就可以自动完成。跟踪系统（跟踪器/定位器）如图 21–5 所示。

图 21-5 跟踪系统（跟踪器/定位器）

跟踪器/定位器为这两个要求提供了一个有效的解决方案。该仪器是一个计算机控制的自动跟踪系统，可以沿着两个方向（方位角和仰角）跟踪太阳的走向。跟踪系统和计算机的组合能够在辐射测量领域自动进行多种测量操作。

但是，这样的系统的主要前提是需要在跟踪和定位方面足够精确，能够准确地跟踪太阳的走向。另外，该系统必须能够负担相应的有效载荷（大部分是 3 到 4 个不同的传感器）。

这种为气象应用而设计的仪器还必须能够抵抗当地的气候条件，并且提供较高的准确度。

第22章

测 量 链

测量链概述

一般来说，传感器用于将物理量转换成电测量信号。根据物理量和传感器的技术原理，测量信号的类型和大小可能不同。

最初开发的传感器将物理量转换为一个成比例的模拟测量信号。由于转换方法的原因，电子输出信号非常小。

传感器可用的输出电压的大小取决于转换原理。如第 9 章所述，辐射量的转换有热电原理和光电原理。输出信号在整个测量范围内通常从几 mV 到大约 100mV。

由于这些传感器输出电压小，所以必须考虑以下条件：

（1）为了能够处理测量信号，必须使用相应的电子设备，例如，信号放大器等；

（2）测量信号传输到后续设备时，如放大器、数据记录器或指示器，需要特别注意。

一开始，使用高灵敏度的电流计来显示和记录这些小的传感器输出电压。后来，热离子真空管被用作测量放大器。然而，只有等到晶体管测量放大器的发展和实用化，才给市场带来手持式传感器，并用于日常测量。对于非常简单的测量任务，可以使用数字电压表。

一些公司专门从事特种电子测量设备的研发、生产和销售。另一方面，一些传感器制造商也开发了电子测量设备，特别是针对那些需要满足环境条件和测量频率要求的应用领域。

不同部件的组合，如传感器、测量电路、指示器等，被称为测量链，如图 22-1 所示。

图 22-1 测量链

制造商必须为每一个部件提供基本的技术数据，因为这是选择合适仪器建立具有某一功能的测量链的唯一依据。

“测量链与其薄弱的环节一样强大。”

不仅单个部件及其技术规格影响测量链的特征，组件的输出特征还与后续组件的输入特征相互作用。

测量链的组成部分：传感器

目前，常规辐射传感器输出电压低已不再是问题，非常有效且稳定的放大器可用于进一步处理测量信号。但是，传感器的内阻可能因转换原理而有所不同，这个内部传感器电阻对其后的电阻、电容和电感会产生影响。根据测量链各自的配置不同，灵敏度和频率也可能受到影响。如果这种配置不合适，则可能会增加诸如外部干扰信号、组件内部干扰等造成的故障。例如，寄生电源来自于触点上的热电压，电偶电压源于触点潮湿、波动的触点过渡、电阻或跳线环转换。

传感器和其后的电子系统/仪器必须在给定的电磁环境中

可靠地工作，且不会产生负面影响。但是，测量链的电子元器件可能会：

（1）产生或发出可变的干扰；

（2）受到干扰的影响。

这可能会干扰自己的测量链，这些影响也可能来自于其他系统或传递给其他系统。

通常，可采取具有一定电磁兼容性的布线和屏蔽，以便能够使用容错能力较大的组件。在开发传感器时，制造商已经对其屏蔽和接地做出了一些规定。但是，只有当传感器的组装、安装和电气连接都按照指定的方法，才能保证测量效果。因此，必须严格按照传感器手册中的说明进行操作。

首先要注意的是，传感器连接器是否有公母之分，或者测量导线是否固定在传感器上。使用连接器的优点在于用户在安装和运行时比较灵活。但是其坚固（主要是辐射传感器所需的）、防水和防风雨设计的价格很高，并且其接触电阻必须做到长期稳定且重复不变，因此，必须配备镀金触点。这就是大部分时间传感器都不使用连接器的原因。这也有一个好处，就是对于固定的测量线，制造商在校准过程中考虑了它的精确长度，而且屏蔽概念也已经用在测量线上。制造商可以产生具有足够屏蔽能力并且能够抵抗潮湿、温度变化和紫外线辐射的长期有效的产品。

辐射传感器上的输出电阻可能会根据测量的物理量和测量原理而发生显著变化。普通传感器的输出电阻范围从几 Ω 到几 kΩ。后面仪器的输入电阻可能也会对这个输出电阻产生影响，输入电阻过小可能导致相当大的测量误差。

只要传感器不包含源电子电路，就会造成很少的干扰。

测量链的组成部分：测量线

测量线的一部分固定在传感器上，成为传感器不可分割的部分。因为测量线可能是一个误差来源，所以厂家在校准过程中都已经考虑到了这一点。

但是，延长测量线则必须单独考虑。这些延长线通常暴露在环境中，并且有时测量位置较远，其延长线是相当长的，因此，整个测量链的校准必须考虑线路电阻。

通常带屏蔽的测量线的电阻约为每 100 米 8Ω。

传感器具有不同的输出阻抗。这意味着通过延长测量线连接的后续电子元件必须具有高输入电阻。该输入电阻必须至少是前一个输出阻抗的 100～1 000 倍，从而将测量误差（与预期的总体精度相关）保持在可忽略的水平。

根据制造商操作手册中提供的公式和说明，可以精确计算误差。如果输入电阻足够高，测量线延长到 100m 都可能没有问题。

由于电压一般较低，测量线应该被屏蔽。不仅屏蔽很重要，选择合适的接地点和避免接地环路也很重要。由于不同仪器的接地有不同的概念，所以务必遵守制造商的说明。

包含电动机、晶闸管、接触器、发射器等元器件的仪器越来越频繁地与传感器或放大器连接，或在其附近使用。这些仪器可能会造成相当大的干扰信号。因此，建议分开进行布线。另外，使用移动电源（马达发电机或电子变压器）的测量单元也可能导致类似的问题。

测量线的技术规格取决于工作环境。例如，必须考虑较低或较高的环境温度。耐紫外线对于户外使用非常重要，柔韧性、脆性或拉伸强度对于操作环境也很重要。

标准类型的测量线至少应该有表 22-1 列出的一些特性。

表 22-1 测量线特性要求

导线	
材料	镀锡铜
横切面	>0.2mm²
绝缘层	
材料	聚乙烯（PE）
屏蔽层	
材料	镀锡铜
编织密度	>90%
涂层	
材料	聚醚型聚氨酯
直径	5～8mm
详细参数	
环境温度	-20℃～+80℃
最大电压	150V
测试电压	1 000V
电容（线/线）	55pF/m
电容（线/屏蔽层）	110pF/m
阻抗	95Ω
电阻	85Ω/km
绝缘电阻	>500MΩ/km

接地和屏蔽

传感器的金属外壳可以提供良好的物理、化学和机械冲击保护，还可以防止电磁干扰。但是，在大多数辐射传感器中，这种保护作用并不总是完美的。其中一个原因是内部装有接收器的玻璃圆罩不能阻挡磁场，另一个原因是受传感器外壳材料影响。

传感器输入引线也受到寄生感应。但是，通过使用屏蔽良好的测量线，可以降低这种寄生感应的影响。测量线的主要特点是，即使在潮湿、高温或低温、紫外线辐射等影响下，也应该具有低且恒定的线电阻和良好的绝缘特性，同时保持其柔韧性。

关于测量线缆中不同导线的分配，相同电路的导线通常应该相对定位。如果测量线缆配备 4 根导线，如电压测量线和电源线等，则这些导线也应该相对定位。这样就可以避免从一个电路到另一个电路的“串扰”。

测量线中的电容分布可以通过充分屏蔽来避免。

然而，现有的屏蔽，除非有适当的接地，否则不会有效。屏蔽的接地只能在一侧完成，否则会有均衡电流。这是因为两个接地点几乎没有相同的电位，即使它们具有相同的电位，“双重”地也不会有效。接地回路和由它引起的均衡电流在测量线中可能导致交织。

高压电缆等载流线路与长距离测量线路并行安装，也可能导致感应交织。工业用的测量线通常采用双绞线，以减少这种影响。因此，应避免长距离平行安装，或者至少要保持两条线之间的距离尽可能大。对于极端的应用，测量线也可以安装在铠装钢管或类似物中。测量线的结构如图 22-2 所示。

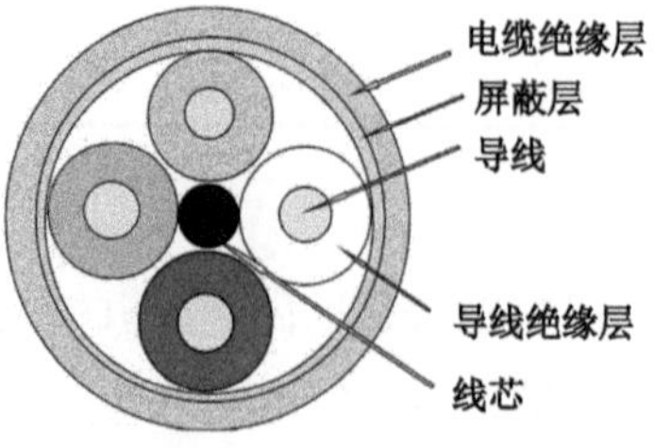

图 22-2　测量线的结构

测量链的组成部分：电子

在最简单的情况下，测量链的电子设备只由一个小型的多样化仪器组成，这意味着使用时会有某些限制。考虑到附加的测量误差是不可接受的，仪器的输入阻抗必须至少是传感器输出电阻的一百倍，甚至一千倍。这已经能够使各种仪器相互组合。测量设备原理电路如图 22-3 所示。

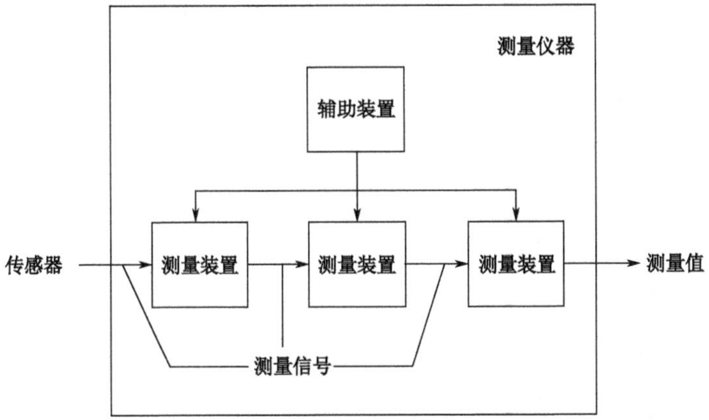

图 22-3　测量设备原理电路

使用一个校准过的带有集成指示器的放大器可以减小误读的风险。此外，这些仪器更适合于某些条件下的应用，如现场应用。

放大器主要将传感器输出的小信号转换为更符合条件的信号，也提供了调整的可能性，如零点设置、放大设置及必要的滤波。

现在，放大器的输出值几乎都是标准化的。工业应用已经规定，模拟输出值的电压在 0～10V 之间，电流在 0～20mA 或 4～20mA 之间。

这些值要足够高以提供良好的信噪比，从而实现信号长距离不受干扰地传递。常见的输出电压在 1～10V 之间，容许的负载电阻在 100～500Ω 之间，在线电阻较高的长信号线上会有压降。市场上有多种屏蔽线，平均线电阻约为 8Ω/100m。

放大器及其辅助设备的特点决定了测量链的特性。放大器的结构包括模块式放大器、移动单元、系统组件和 PC 插入式测量卡等。特殊类型的放大器甚至可以满足最高的精度要求。

放大器的能力决定可能的应用领域。-50℃～+60℃的环境温度在气象测量领域是很常见的，因此，放大器必须不受天气的影响。

各个测量链可能会有很大的差异，具体结构取决于应用，图 22-4 列举了部分例子。

放大器的特性对沿着测量链传递的信号有着显著的影响，这些特性包括：

- 测量范围
- 温度响应
- 频率响应
- 线性度
- 稳定性

一般来说，传感器的输出信号是变换相对缓慢的直流电压，因此，频率响应的特性不用太关注。

对于工业应用，特别是在要求与线路电阻变化无关的场合，优选标准的电流输出（通常为 ±20mA）。为此，放大器电路提供与测量值成比例的输出电流，这对线路电阻的变化没有影响。指示器或记录装置的输入电阻不要超过预定的输入电阻值，电阻范围最好为 100～500Ω，500Ω 的输入电阻通过 20mA 电流时会导致 10V 的压降。

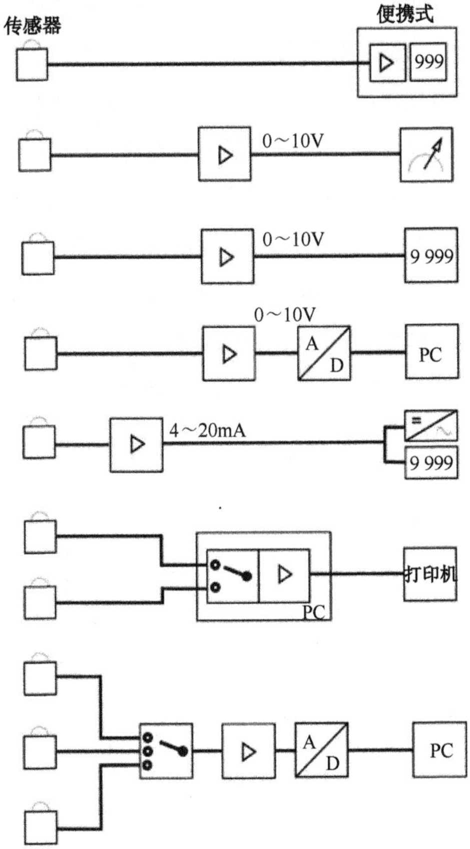

图 22-4　测量链的不同版本

另一种标准电流输出是 4～20mA。这种类型的输出通常不会产生负值信号，即 4mA 等于信号值“零”，而 20mA 等于最大信号输出。最小 4mA 的浮充电流和由此产生的电压降为内置传感器的放大器提供所需的能量。这里需要留意两个细节。

（1）如果后续系统识别出没有电流，就一定存在断线或其他缺陷。这被称为“活的”零点，对于安全相关的电路来说，它更受青睐，甚至被强制性使用。

（2）即使测量值为“0”，仍然有 4mA 的电流流过。该电流可以用作仅需要低能量供应的放大器的电源。因此，采用这种技术的特殊放大器适合直接集成在传感器中。但是，有些放大器安装了独立外壳，它们被安装在测量点附近，然后通过两根独立的导线经过长距离（甚至超过 1 000m）为放大器和传感器信号提供必要的电力（能量供应）。

带 4～20mA 放大器的测量链如图 22-5 所示。

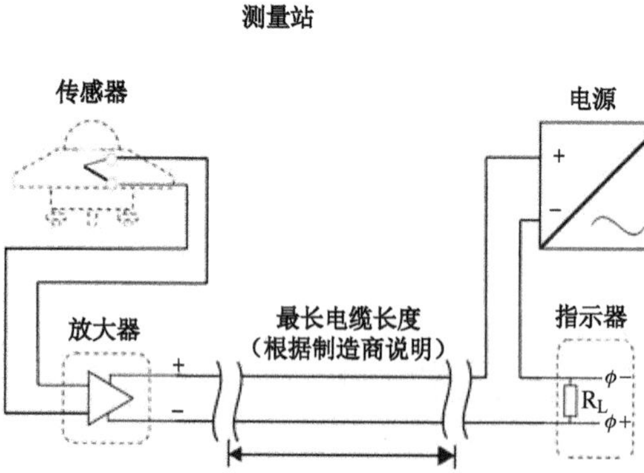

图 22-5　带 4～20mA 放大器的的测量链

测量链的组成部分：模拟/数字转换器

如今，测量值的数字处理对于许多科学技术领域来说是必不可少的。物理测量单元的输出是模拟量，从模拟到数字的转换是必要的。模拟/数字转换器（A/D 转换器）需要更高的电压，因此必须增加电压（预放大）。这个前置放大器也可以是A/D 转换器的集成部分。

前置放大器很重要，原因很多。放大传感器的小信号（通常在 mV 范围内）必须有足够的稳定性，在预放大阶段的任何零点漂移或零放大将在随后放大和进一步处理中被加强，从而可能使整个测量无效。

前置放大器越靠近传感器，寄生感应对传感器的微弱信号危害越小。

由于数字数据传输确实具有无误差的优势，因此在传感器附近安装前置放大器和 A/D 转换器变得越来越普遍，有时甚至把它们集成在一起，但前提是在传感器位置要有电源。

同时，许多针对 A/D 转换的原理被提出。模拟测量值趋于连续变化，需要被追踪的信号变化越快，将模拟量转换为数字量的速度越高，转换过程就越复杂。

对于基于热电原理的辐射测量，由于传感器内部的热惯性，其变化仅在几秒内发生。重要的是 A/D 转换需要连续进行，即没有任何时间中断，这是检测测量信号瞬间变化的唯一方法。

A/D 转换器更重要的是要达到期望的分辨能力。一般工业标准（例如，VDI 3786）经常提到 8 位分辨率。实际上，具有如此低分辨率的 A/D 转换器已经不再使用了。下面提到的分辨率可以通过以下转换器实现，如表 22-2 所示。

表 22-2　A/D 转换器分辨率

转换器类型	转换位	分辨率（量程 1 000W/m^2）
8 位转换器	256	3.9
12 位转换器	4 096	0.244
16 位转换器	65 536	0.01

分辨率 3.9W/m^{2}的 8 位转换器的误差通常高于所使用的气象传感器的误差，所以我们需要更高分辨率的转换器，12 位和 16 位转换器已经成为目前使用的标准。但是，必须考虑转换器后面连接的指示器的特性，例如，需要考虑指示范围是 0～999 还是 0～9 999。这意味着，在 0～1 000W/m^{2}范围内，若显示 0～9 999，则显示分辨率为 0.1W/m^2；若显示 0～999，则显示分辨率为 1W/m^2。

然而，将数字化数据传输到中央测量站或数据处理中心不仅取决于数据的数字分辨率，还取决于数字接口和硬件特性，常用的接口是 V24 接口。现代计算机系统提供了与个人计算机技术相关的大量接口，这些接口不会限制任何测量任务，无论在分辨率方面，还是在传输速率方面。

第23章

装配、投入运行和维护

安装地点

必须根据仪器的各自要求、应用领域和测量任务，确定安装地点、如何投入使用和如何维护气象仪器。

关于气象传感器的安装位置，需要遵循一定规则，主要是为了保证在不同地点、不同人员得到的同一物理量的测量值具有可比性。

测量时必须注意测量时间、测量位置和测量高度，这样得到的值就可以与其他物理量的测量值进行比较，看它们是否相关，或者是否需要进一步研究（例如，辐射值与其他气象物理量的关系）。

对于测量温度、湿度和风等气象物理量，测量地点要求为 10m × 10m 的草坪。若用于测量降水量，则传感器距离地面的高度为 1m；若用于测量温度和湿度，则传感器距离地面的高度为 2m；若用于测量风向和风速，则传感器距离地面的高度为 10m。

对于测量日照时数和太阳辐射的传感器和其他仪器没有具体的规定。但是，它们应该安装在没有障碍物的地平面上。

而且所有测量上述两个物理量的传感器都应安装在同一高度。但是，这在某些地区是不可能的，尤其是建筑密度高的地区。在这种情况下，建议将它们安装在屋顶平台、平屋顶或适当的脚手架上。安装地点的周围物体，如植被和房屋等，不能影响测量。

要安装一个气象传感器，必须考虑以下两点：

（1）要测量的物理量不能被传感器本身、任何结构件或用于固定它的部件所改变；

（2）任何系统运行所需的辅助设备（如电源、防盗设备和防雷设备）必须得到相应建设部门的正式批准。

以上两点是在 VDI 3786（气象学测量/基础）中规定的。

然而，这些一般规定并没有涵盖不同气象传感器的必要细节。

例如，日射强度计的安装位置主要由测量任务决定。日射强度计的测量涉及较大的区域，在这种情况下，安装位置的选择必须充分考虑该区域的基本特征（即植被和建筑密度）。如果要测量特定地点的总辐射，安装地点也必须进行相应的选择。

在任何情况下，日射强度计的安装地点都应满足以下要求。

（1）日射强度计必须水平方向安装（校平），以保证足够的长期稳定性；

（2）日射强度计必须易于日常维护；

（3）为了避免由于阴影或反射辐射造成测量值失真，日射强度计的角度在5° 以上的测量范围内不能被任何植被和建筑物等所阻挡。最多允许的例外情况是，天线或其他超薄的物体只能覆盖小于 1° 的方位角。如果不能满足这些要求，就必须选择其他地方，以保证被物体妨碍测量的时间尽可能少（最好能少于几分钟）。失真的测量值可以不予考虑，或者在咨询气象学家之后予以纠正。

安装

（1）安装日射强度计时，必须按照操作手册中的说明进行操作。

（2）使用内置水平指示器，必要时使用水准仪，将仪器彻底调平。

（3）日射强度计的电气连接必须防风雨、防破损。电缆和线路可能对测量没有影响。通常，根据制造商的说明，传感器的电缆出口位置应朝远离赤道的方向。

（4）在现场应用中，为了避免结露、结霜及由于辐射吸收而导致的圆罩温度上升，通常需要安装额外的通风装置，建议使用自动通风装置。

备用圆罩和装有干燥剂的干燥盒如图 23-1 所示。

图 23-1　备用圆罩和装有干燥剂的干燥盒

一般维护

（1）所有气象仪器都需要定期维护。维护服务的次数和间隔取决于仪器类型和安装地点。

（2）必须遵守制造商维护说明中的最低要求。如果没有拿到这些说明，则应该向制造商索取。

（3）每个维修服务都有材料和人员费用，这些成本在规划阶段就要考虑好。

（4）为了避免外部损坏（或更小的损坏）和调整装置导致的意外移动，维护工作只能由专业人员进行。

（5）许多气象传感器对震动和潮湿非常敏感，即使没有明显的外部损害，也应重新校准或至少进行比较检查。如果传感器脏了，也应校准或检查，因为这可能导致其特性的缓慢变化，从而导致测量误差。

维护日射强度计

日射强度计应定期检查和清洁。玻璃或石英圆罩必须清除诸如灰尘、鸟粪、树叶及任何油腻的沉淀物等杂物。检查和清洗的频率取决于当地的情况，但如果可能的话，应该每天进行。玻璃圆罩应该用一块光滑干净的布来清洁，应使用加热过的布或热风通风清除大露珠或霜冻等沉积物，不推荐刮掉玻璃圆罩上的冰霜沉积，因为这会改变传感器的测量特性。

检查接收表面

此外，应检查接收表面是否有湿气和冷凝水（例如，玻璃罩没拧紧或干燥盒已经失效等原因造成的缺陷）等，用手电筒在水平方向照射接收表面，这样缺陷更容易被发现。如果有任何缺陷，就必须维修或更换传感器元件。

检查干燥盒

大多数日射强度计配有干燥盒，通常装满硅胶。应该每周检查一次硅胶的颜色，如果已经从蓝色变成了粉红色，那么就是失效了，可以放进 130℃的烤箱内烘烤约 1 小时，将其烘干。

检查水平校准

应使用内置的水平指示器或简单的水准仪，每月检查一次传感器是否水平。

检查地平线

每个季度要检查一次日射强度计的地平线，例如周围建筑物、树木、植被等的变化。

检查通风单元

应每天检查圆罩的通风装置，定期清洁和更换空气过滤器。

检查遮光器件

应每天检查遮光装置，以便确定调整是否正确，并在必要时进行重新调整。

检查地面

特别是对于向下传感器，应定期检查地面，去除灌木等，并确保周围的草不会过高。

维护太阳热量计

基本上，太阳热量计的维护与日射强度计相同，但是有一些针对特定器件的细节。

以下是基本要求。

（1）定期清洁，尤其是光学部件。

（2）定期检查传感器的朝向。

（3）定期检查电缆。

检查窗口

窗口和滤光片应每天清洁。

带有开放接收管的太阳热量计需要在很短的时间间隔内进行定期维护。特别是需要防止有昆虫等侵入，应每日检查。

检查方向

具有半自动追踪功能的太阳热量计应手动重新调整以适应太阳的季节性偏差。

辐射传感器的操作条件

在中欧地区，气象传感器的以下操作条件被视为绝对最低要求。

空气压力	950hPa 到 1 050hPa（基于海平面以上的高度）
空气温度	-35℃～+45℃
湿度	90%RH～100%RH（10 天不间断）
风速高达	60m/s（在暴风中）
强降雨最高	5mm/min（短时间） 连续降雨长达 48 小时

对于永久性外部使用的传感器和辅助设备应能够承受上述条件至少 3～5 年，同时还要能抵抗表面腐蚀作用，以及橡胶和塑料部件的老化。

欧洲市场的传感器和辅助设备必须按照欧盟条例通过 CE 论证，这是为了保证设备的电磁兼容性能。

辐射传感器的校准

辐射传感器应在使用前进行校准。当确定整个测量范围内的物理量和输出信号的关系时，认为传感器已被校准。这可以由制造商通过与测试标准或参考传感器进行比较来完成。

传感器的校准必须有校准证书存档，并应按照规定至少每两年校准一次。如果更换了传感器组件或进行了任何类型的维修，则必须重新校准。

第24章

术语表

吸收（Absorption）	入射能量被物体获得的过程
大气光学质量（Airmass）	太阳辐射通过大气的路程和大气垂直距离之比
气压（Air Pressure）	垂直厚度的空气对地面产生的压力
反照率（Albedo）	地表在太阳辐射的影响下，反射辐射通量与入射辐射通量的比值
反照率计（Albedometer）	用于测量被物体反射的辐射能量的传感器
风速计（Anemometer）	用于测量风速的传感器
无液气压计（Aneroid）	用于测量气压的一种传感器
大气（Atmosphere）	环绕地球的所有空气
气压计（Barometer）	用于测量气压的传感器的统称
浮力（Buoyancy）	物体在液体中产生的向上的力

校正（Calibration）	确定输出量和被测量之间的关系
摄氏度（Celsius）	以瑞典科学家安德斯·摄尔修斯命名的温度单位。0℃为水的冰点，100℃为水的沸点
气候（Climate）	地球上某一地区多年时段大气的一般状态
冷凝（Condensation）	气态向液态的转变
对流（Convection）	大气的流动，主要指垂直方向
日冕（Corona）	由大气中水汽衍射引起的围绕太阳或月亮的彩色环
密度（Density）	物质质量和体积的比值
沉积（Deposition）	物质从气态向固态的直接转换
露点（Dew Point）	空气中所含的气态水达到饱和而凝结成液态水所需要降至的温度
衍射（Diffraction）	光波被物体阻碍后产生的绕射现象
散射辐射（Diffuse Radiation）	太阳光经大气层中的空气分子、云滴和气溶胶的散射作用（天空散射），以及地表漫反射（地面散射）等形成的辐射
直接辐射（Direct Radiation）	直接落在平面上的辐射，视场角默认值<5°

多布森单位（Dobson Unit）	用于描述大气中臭氧的密度，规定在压力为760torr，温度为273K的条件下，千分之一厘米（10微米）厚度的臭氧层为一个多布森单位
漂移（Drift）	传感器测量值随时间的缓慢变化
能量（Energy）	物质的时空分布可能变化程度的度量，用来表征物理系统做功的本领
昼夜平分点（Equinox）	当白天和黑夜长度相等时的时间
远红外辐射（Far Infrared Radiation）	波长在3～50μm范围内的长波辐射
总辐射（Global Radiation）	在半球内落在水平表面上的直接辐射和散射辐射的总和
重力（Gravity）	两个物体之间相互吸引的力
半球辐射（Hemispherical Radiation）	落在平面上的辐射（直接辐射和散射辐射）。直接辐射乘以入射角的余弦值
湿度（Humidity）	空气中水蒸气的含量
辐照（Irradiation）	辐照度的时间积分（Wh/m^2）
辐照度（Irradiance）	被辐射的物体表面单位面积上的辐射通量（W/m^2）
影响量（Influencing Quantity）	在直接测量中不影响实际测量，但会影响示值与测量结果之间关系的量
红外辐射（Infrared Radiation）	波长在0.78～50μm范围内的辐射

逆温（Inversion）	空气温度上升和离地面高度之间的关系
等压线（Isobar）	画在气象地图上，相同气压点连成的线
等日照线（Isohel）	画在气象地图上，相同日照时，数点连成的线
等辐照量线（Isorad）	画在气象地图上，相同太阳辐射点连成的线
等温线（Isotherm）	画在气象地图上，相同空气温度点连成的线
开尔文（Kelvin）	热力学温标或绝对温标，0K=-273.15℃
激光雷达（LiDAR）	发射激光束探测目标的位置、速度等特征量的雷达系统
可见光（Light）	波长在 400～700nm 之间对人眼可见的电磁波
闪电（Lightning）	大气中可见的放电过程
测量误差（Measuring Error）	测量值与真实值之间的偏差
测量范围（Measuring Range）	测量误差不超出某一极限的测量值的范围
测量仪器(Measuring Instrument）	测量物理量和气象学量的传感器
测量链（Measuring Chain）	从测量信号输入到输出的一系列测量装置
测量原理（Measuring Principle）	测量的物理基础
测量信号（Measuring Signal）	和被测量直接相关的传感器的输出值

测量过程（Measuring Procedure）	测量原理和测量方法的实际应用
测量值（Measuring Value）	与被测量和传感器输出相关的值
最小红斑量（MED）	在一定的光源和距离下，特定的个体或部位接受光照后24小时产生肉眼可观察到的红斑所需的剂量
熔点（Melting Point）	材料从固态向液态转换的温度点
中间层（Mesosphere）	上层大气中处于平流层上方的空气层
气象学（Meteorology）	研究大气过程和事件的科学
测量方法（Method of Measurement）	独立于测量原理的特殊测量手段
计量学（Metrology）	测定物理量的技术，计量学能对测量值进行定量评估
净辐射（Net Radiation）	入射和出射的辐射之差
输出（Output）	从传感器输出的测量信号
臭氧（Ozone）	淡蓝色有毒气体，分子式是 O_3
臭氧洞（Ozone Hole）	表示某个地域大气臭氧总量减少到正常量的50%

臭氧层（Ozone Layer）	臭氧层是地面上方 20～40km 高度的大气区域，这一大气层吸收来自太阳的大部分紫外线辐射
降水（Precipitation）	大气中以任何形态降落到地面的水
干湿计（Psychrometer）	测量空气湿度的特殊传感器
日射强度计（Pyranometer）	用于测量 300～3 000nm 光谱范围太阳总辐射的传感器
地面辐射强度计（Pyrgeometer）	测量 4.5～50μm 光谱范围太阳总辐射的传感器
太阳热量计（Pyrheliometer）	测量 300～3 000nm 光谱范围太阳直接辐射的传感器
高温计（Pyrometer）	非接触式温度测量传感器
雷达（Radar）	采用电磁波探测物体存在和距离的电子设备
辐射（Radiation）	由场源发出的电磁能量中一部分脱离场源向远处传播，而后不再返回场源的现象，能量以电磁波或粒子（如 α 粒子、β 粒子等）的形式向外扩散
辐射平衡（Radiation Balance）	向上和向下辐射之差
反射辐射（Reflected Radiation）	被表面反射的辐射
反射总辐射（Reflected Global Radiation）	从底部半空间反射的落在表面的短波辐射

分辨率（Resolution）	可测量的被测量的最小变化量
响应时间 T90（Response Time）	测试量变化一个步进值后，传感器达到最终数值 90%所需要的时间
饱和（Saturation）	空气中水蒸气实际含量达到理论最大值时的状态，这一最大值取决于温度，水蒸气含量随温度上升而上升
灵敏度（Sensitivity）	输出量和输入量的比值
天空（Sky）	朝向太阳的大气层部分，产生散射辐射
太阳常数（Solar Constant）	地球位于日地平均距离处，在大气层外垂直于太阳辐射束平面上形成的太阳辐照度
分光光度计（Spectrophotometer）	测量不同波长辐射的传感器
平流层（Stratosphere）	同温层位于大气层 10～50km 高度，在对流层上方和中间层下方几乎无云
升华（Sublimation）	不通过液态而直接从固态转变为气态的过程，升华只有在特定条件下才能产生，主要是气压和温度
温度（Temperature）	表示物体冷热程度的物理量，微观上来讲是物体分子热运动的剧烈程度
经纬仪（Theodolite）	在大地测量学中，测定水平和垂直角度
阈值（Threshold）	产生输出量显著变化的最小输入量

对流层（Troposphere）	大气层的最底层，产生天气变化
对流层顶（Tropopause）	对流层和平流层之间的连接层
暮光（Twilight）	傍晚和黎明时的某一段时间
紫外线辐射（Ultraviolet Radiation）	100～320nm 光谱范围的非可见光辐射
紫外线指数（UV-Index）	国际上建立的用于评价每天红斑紫外线辐射峰值
天气（Weather）	某一时刻某一地点的大气状态，天气主要受到空气温度、湿度、降水、气压和空气流动影响
风（Wind）	大气中空气的水平流动，而垂直方向流动称为气流
天顶（Zenith）	天空的最高点（在观察者的垂直上方）

第25章

专业术语

英语	德语	法语	中文
		A	
absorber	Absorber	Absorber	吸收
absorber plate	Absorberfläche	plaque d'absorption	吸热板、吸收板
absorption constant	Absorptionskonstante	constante d'absorption	吸收常数
acceleration	Beschleunigung	accélération	加速
accessories	Zubehör	accessoires	配件、附件
accumulator	Akkumulator	accumulateur	蓄电池
accuracy	Genauigkeit	précision	精度
accuracy class	Genauigkeitsklasse	classe de précision	精度等级
actuation	Betätigung	commande	溶解
adapter	Adapter	adaptateur	适配器
adaption	Adaption	adaptation	适应
add	addieren	additionner - ajouter	加
adjust	justieren	ajuster - régler	调节
adjusting element	Abgleichelement	élément d'ajustement	调整元件
adjustment	Abgleich	ajustement - réglage	调节
ageing	Alterung	vieillissement	老化

续表

英语	德语	法语	中文
aggressive	aggressiv	agressif	侵蚀
aggressive environment	aggressive Umgebung	environnement agressif	侵蚀性环境、恶劣环境
air humidity	Luft-feuchtigkeit	hygrométrie	大气湿度
air mass	Luftmasse	masse d'air	大气质量
air pressure	Luftdruck	pression atmosphérique	气压
air pressure compensa-tion	Luftdruckaus-gleich	compensation de la pression atmosphérique	气压补偿
air pressure dependence	Luftdrucka-bhängigkeit	dépendance de la pression atmosphérique	和气压相关
air pressure variation	Luft-druckschwankung	variation de la pression atmosphérique	气压变化
alarm	Alarm	alarme	报警
albedo	Albedo	albedo	反照率
alert notice	Alarmmeldung	annonce d'alarme	报警通知
aligning	ausrichten	aligner	对准
alternating	alternierend	alternance	交叉、交流
ambient air	Umgebungsluft	air ambiant	环境空气
amplifier	Verstärker	amplificateur	放大器
analog indication	Analoganzeige	indication analogique	模拟指示
analog indicator	Analoganzeiger	indicateur analogique	模拟指示器
analog output	Analogausgang	sortie analogique	模拟输出
analog-digital con-verter	Ana-log-Digital-Kon verter	convertisseur analogique digital	模拟/数字转换器
analogue	Analog	analogique	模拟的
anemometer	Windgeschwindig keitsmesser	anémomètre	风速计

续表

英语	德语	法语	中文
aneroid barometer	Barometer	baromètre	无液气压计
Angstrom	Angström	Angstrom	埃米
angularity	Winkelstellung	angularité	角度
aperture	Blende	ouverture - orifice	孔径
aperture plane	Öffnungsebene	angle d'ouverture	光阑面
aphelion	Sonnen ent- ferntester Punkt	aphelie	远日点
application	Einsatz	application	应用
application class	Anwen- dungsklasse	classe d'utilisation	应用等级
application potential	Applika- tionsfähigkeit	potentiel d'application	应用潜力
approval	Zulassung	approbation	批准
approving authority	Zulassungs- behörde	autorité d'approbation	授权当局
arrangement	Anordnung	arrangement	布置
atmosphere	Atmosphäre	atmosphére	大气
atmospheric (long-wave) radiation	atmosphärische langwellige Strahlung	radiation atmosphérique (longue onde)	大气（长波）辐射
atmospheric conditions	Witterung	conditions atmosphé- riques	大气条件
atmospheric depth	atmosphärische Tiefe	profondeur atmosphérique	大气深度
atmospheric exposure	Witterungsein- fluss	exposition atmosphérique	大气暴露
atmospheric layer	atmosphärische Schicht	couche atmosphérique	大气层
attenuation	Dämpfung	atténuation	衰减
attenuator	Abschwächer	atténuateur	衰减器

续表

英语	德语	法语	中文
auxiliary device	Zusatzeinrichtung	outil auxiliaire	辅助装置
average	Durchschnitt	moyenne	平均
axial	axial	axial	轴性
axle	Achse	axe	轴
azimuth	Scheitelkreis	azimuth	方位
azimuth effect	Azimutverhalten	effet azimuth	方位效应
B			
back up battery	Pufferbatterie	batterie de sauvegarde	备用电池
balancing	Ausgleich	compensation	平衡
bandwidth	Bandbreite	largeur de la bande	带宽
bar	Bar	bar	巴
barometer	Barometer	baromètre	气压计
barometer effect	Barometereffekt	effet barométrique	气压计效应
base	Unterteil	partie inférieure	基础
base plate	Grundplatte	plaque de base	基板
battery	Batterie	batterie	电池
battery feeding	Batteriespeisung	alimentation batterie	电池馈电
battery operation	Batteriebetrieb	fonctionnement de la batterie	电池工作
beam	Strahl	rayon	光束
bearing surface	Auflagefläche	surface portante	支撑面
bended surface	Oberfläche, gekrümmte	surface courbée	弯曲表面
bending moment	Biegemoment	moment de flexion	挠矩
bolometric principle	Bolometrisches Prinzip	principe bolométrique	测辐射热计原理
bolt	Bolzen	goujon	螺栓

续表

英语	德语	法语	中文
bore-hole	Bohrung	forage	锥孔
bottom work	Unterwerk	infrastructure	底层工作
breakdown	Versagen	rupture	故障
breaking load	Bruchlast	charge de rupture	破坏载荷
bridge balance	Brücke-nabgleich	équilibrage du pont	电桥平衡
bridge circuit	Brückenschal-tung	circuit de pont	桥接电路
bridge excitation voltage	Brückenspeis-espannung	tension d'alimentation pont	电桥激励电压
buffer	Stoßfänger	dispositif antichoc	缓冲器
buoyancy	Auftrieb	flottabilité	浮力
burden	Bürde	charge	负载
		C	
cable	Kabel	câble	电缆
cable box	Kabelkasten	boite de raccordement	电缆盒
cable break	Kabelbruch	rupture du câble	电缆短路
cable connection	Kabelanschluss	câble de raccordement	电缆连接
cable extension	Kabelverlänger-ung	extension de câble	电缆延长
cable influence	Kabeleinfluss	influence du câble	电缆影响
cable jointing sleeve	Kabelverb-indungsmuffe	prolongateur de câble	电缆连接套管
calibrate	eichen	calibrer	校准
calibrate	kalibrieren	étalonner	校准
calibration	Kalibrierung	calibration	校准
calibration certificate	Kalibrierzeugnis	certificat de calibration	校准证书
calibration curve	Kennlinie	courbe d'étalonnge	校准曲线
calibration signal	Kalibriersignal	signal d'étalonnage	校准信号

续表

英语	德语	法语	中文
calibration standard	Kalibriernormal	étalon de calibration	校准标准
calibration tolerance	Kalibriertoler-anz	tolérance de calibration	校准公差
carrying force	Tragkraft	force portée	承载力
centering	Zentrierung	centrage	定中
centering washer	Zentrierscheibe	rondelle de centrage	定心垫圈
centre of gravity	Schwerpunkt	centre de gravité	重心
change in zero signal	Nullsignalän-derung	dérive de zéro	零点信号变化
check nut	Gegenmutter	contre-écrou	锁紧螺母
checking of operation	Funk-tionskontrolle	contrôle de fonction	运行检查
chopper	Wechselrichter	couperet	斩波器
circuit diagram	Stromlaufplan	diagramme de circuit	电路图
circular scale	Kreisskale	échelle circulaire	圆形刻度
circumsolar radiation	Zirkumsolar-strahlung	radiation circumsolaire	环日辐射
clamp bolt	Spannschraube	boulon de fixation	夹紧螺栓
climate	Klima	climat	气候
climate-controlled cabinet	Klimaschrank	coffret de contrôle cli-matique	环境控制柜
cloud	Wolke	nuage	云
coating	Auskleidung	enveloppe	涂层、薄膜
collector, parabolic dish	Kollektor, Parabolspiegel	disque parabolique	收集器、抛物面镜
combined error	Fehler zusam-mengesetzter	erreur combinée	组合误差
compensating device	Ausgleichsein-richtung	dispositif de compensation	补偿器件

续表

英语	德语	法语	中文
compensation resistors	Kompensation-swiderstände	résistances de compen-sation	补偿电阻
component	Bauteil	composant	元件
composition testing	Beschaffen-heitsprüfung	contrôle de qualité	成分测定
concentrator	Konzentrator	concentreur	集线器
connecting terminal	Anschlussklemme	bornier de raccordement	连接终端
connection	Anschluss	raccordement	连接
connection cable	Verbindungskabel	câble de liaison	连接电缆
connection lead	Verbindungslei-tungen	ligne de connexion	连接引线
connection point	Anschlussstelle	point de connexion	连接点
connection wire	Anschlussdraht	câble de connexion	连接线
connector	Anschlussstecker	connecteur	连接器
construction	Konstruktion	construction	结构
construction size	Baugröße	taille de la construction	结构尺寸
container	Behälter	conteneur	容器
content	Inhalt	contenu	内容
continuous load	Dauerbelastung	charge permanente	连续载荷
contour	Außenlinie	contour	轮廓
control	Kontrolle	contrôle	控制
control	Steuerung	réglage	控制
control element	Bedienungsele-ment	élément de contróle	控制元件
copper	Kupfer	cuivre	铜
correction device	Korrekturein-richtung	dispositif de correction	校正装置
corrosion	Korrosion	corrosion	腐蚀

续表

英语	德语	法语	中文
corrosion resistance	Korro-sionsbestän-digkeit	résistance à la corrosion	抗腐蚀性
cosine response	Kosinusverhalten	réponse du cosinus	余弦响应
counterbalance weight	Aus-gleichsgewicht	contrepoids d'équilibrage	平衡块
creep error	Kriechfehler	fluage	蠕变误差
criterion	Kriterium	critère	标准
cryogenic temperature range	Tieftempera-turbereich	gamme de température cryogénique	深冷温区
curing of defects	Fehlerbeseiti-gung	élimination des erreurs	缺陷修复
current circuit	Stromkreis	circuit électrique	电流电路
current limitation	Strombegren-zung	limite de courant	电流极限
D			
d (day)	d （Tag）	d (jour)	天
damage	Beschädigung	dégât	损坏
damping	Dämpfung	amortissement	阻尼、衰退
damping characteristics	Dämpfungsei-genschaft	propriétés d'amortisse-ment	阻尼特性
data archiving	Datenarchiv-ierung	archivage des données	数据存档
data preparation	Datenaufberei-tung	préparation des données	数据准备
data sheet	Datenblatt	fiche des données	数据手册
DC-amplifier	Gleichspan-nungs-Messverstärker	amplificateur à courant continu	直流放大器
dead time	Totzeit	temps mort	停滞时间

续表

英语	德语	法语	中文
definition	Definition	définition	定义
deformation	Verformung	déformation	变形
density	Dichte	densité	密度
density test	Dichtheitsprüfung	test de densité	密度测量
design	Ausführung	construction	设计
design	Bauart	modèle d'instrument de pesage	设计
destruction range	Zerstörungs-bereich	gamme de destruction	破坏范围
deviation	Abweichung	déviation	偏差
deviation curve	Fehlerkurve	courbe d'erreur	偏差曲线
dew point	Taupunkt	point de rosée	露点
diagramme	Diagramm	diagramme	简图
diameter	Durchmesser	diamètre	直径
diffraction	Beugung	diffraction	衍射
diffuse (solar) radiation	diffuse Strahlung	rayonnement solaire diffus	散射辐射
diffusion	Diffusion	diffusion	散射
digital	digital	numérique	数字的
dilatation	Ausdehnung	dilatation	膨胀
dimension	Abmessung	dimension	尺寸
dimensioning	Bemaßung	dimension	尺寸标注
direct (solar) irradiance	direkte Solarbestrahlung	rayonnement solaire direct	直接（太阳）辐照度
direct (solar) radiation	direkte Strahlung	radiation solaire directe	直接（太阳）辐射
directional dependence	Richtung-sabhängigkeit	influence de l'inclinaison	方向相关的

续表

英语	德语	法语	中文
disassembly	Demontage	démontage	分解
discontinuous	diskontinuierlich	discontinu	不连贯的
display	Anzeiger	affichage	显示
display unit	Anzeigeeinheit	unité d'affichage	显示单元
distance	Abstand	distance	距离
distributing influence	Störeinfluss	influence parasite	分布影响
disturbance	Störung	perturbation	干扰
disturbance level	Störpegel	degré de perturbation	干扰电平
disturbance signal	Störsignal	signal de perturbation	干扰信号
disturbance voltage	Störspannung	tension de perturbation	干扰电压
domestic	heimisch	domestique	国内的
drainback system	Rückflusssystem	système d'évacuation	回流系统
drift	Drift	dérive	漂移
drift error	Driftfehler	dérive du zéro	漂移误差
dynamic	dynamisch	dynamique	动态
dynamics	Dynamik	Dynamique	动力学
E			
earth	Erde	terre	地球
earth jack	Erdbuchse	jack terre	接地插孔
earth lead	Erdleitung	conducteur de mise à la terre	接地导线
earth loop	Erdschleife	tresse de mise á la terre	接地回路
earth surface	Erdoberfläche	surface terrestre	地表
effect of temperature	Temperaturgang	effet de température	温度效应
elasticity	Elastizität	élasticité	弹性
emittance	Aussendung	émission	发射量
endurance strength	Dauerfestigkeit	force d'endurance	疲劳强度

续表

英语	德语	法语	中文
endurance test	Dauerprüfung	essais d'endurance	疲劳试验
energy of radiation	Strahlungsenergie	énergie du rayonnement	辐射能量
environment	Umgebung	environnement	环境
environmental condition	Umweltbedingung	condition environnante	环境情况
environmental influence	Umwelteinfluss	influence environnante	环境影响
environmental temperature	Umgebungstemperatur	température environnante	环境温度
equator	Äquator	équateur	赤道
equivalent length	equivalente Länge	longueur équivalente	等效长度
error	Abweichung, Fehler	erreur	误差
error due to drift	Kriechfehler	erreur de dérive	漂移误差
error of measurement	Messabweichung	erreur de mesure	测量误差
evaluation	Auswertung	évaluation	评估
evaporation	Verdunstung	évaporation	蒸发
excentric	außermittig	excentrée	偏心的
exchange	auswechseln	changer	交换
excitation voltage	Speisespannung	tension d'alimentation	激励电压
external heat source	externe Wärmequelle	source de chaleur externe	外部热源
external pressure	Außendruck	pression extérieure	外部压力
extraterrestrial (solar) radiation	extraterrestrische Solarstrahlung	rayonnement (extraterrestre) solaire	地外（太阳）辐射
F			
fail-safe	ausfallsicher	sécurisé	故障安全
fastening	Befestigung	fixation	固紧

续表

英语	德语	法语	中文
fastening bolt	Befestigungs-bolzen	axe de blocage	紧固螺栓
fastening screw	Befes-tigungsschraube	vis de fixation	紧固螺丝
feature	Eigenschaft	qualité	特性
feedback	Rückführung	retour	反馈
feeding	Speisung	alimentation	馈
field of application	Einsatzbereich	domaine d'application	应用领域
field of operation	Arbeitsfeld	champ d'opération	工作区域
field of view	Öffnungswinkel	champ de vue	视场
field pyrheliometer	Feld Pyrheliom-eter	pyrhéliomètre	现场太阳热量计
filled system	gefülltes Sys-tem	système de remplissage	填充系统
filter	Filter	filtre	滤波器
fixing screws	Halteschrauben	vis de maintien	固定螺丝
flange	anflanschen	brider	法兰
flow condition	Fließbedingung	condition d'écoulement	流动状态
fluid transport	Flü-ssigtransport	transport de fluide	流体输送
formula	Formel	formule	公式
frame	Rahmen	cadre	框架
freedom from bias	Richtigkeit	justesse	不偏不倚
freezing point	Gefrierpunkt	point de gel	冰点
frequency range	Frequenzbereich	gamme de fréquence	频率范围
fresnel lens	Fresnellinse	lentille de Fresnel	菲涅尔透镜
friction	Reibung	friction	摩擦力
full bridge	Vollbrücke	pont complet	全桥
function	Funktion	fonction	功能、函数

续表

英语	德语	法语	中文
		G	
gain	Vertärkungs-faktor	gain	增益
geometrical values	Geometrische Größen	valeurs géométriques	几何值
Giga	Giga	GIGA	千兆、十亿
girder	Träger	support	大梁
gland	Stopfbuchse	Presse étoupe	密封盖
global (solar) radiation	rahmen	rayonnement solaire global	太阳总辐射
gravity	Schwerkraft	gravitation	重力
gross	brutto	brut	总额
gross weight	Bruttogewicht	poids brut	毛重
grounding	Erdung	prise de terre	接地
		H	
h (hekto)	h (hekto)	h (hekto)	百
h (hour)	h (Stunde)	h (heure)	小时
hail	Hagel	grêle	冰雹
hair hygrometer	Haarhygrometer	hygromètre à cheveu	毛发湿度计
half bridge	Halbbrücke	demi-pont	半桥
handling	Handhabung	manutention	处理
heat conductivity	Wär-meleitfähigkeit	conductivité de la chaleur	导热系数
heat conductor	Wärmeleiter	conducteur de la chaleur	导热体
heat dissipation	Wärmeableitung	dissipation de la chaleur	散热
heat exchanger	Wärmetauscher	échangeur thermique	热交换
heat irradiation	Wärmeeinstrah-lung	radiations thermiques	热辐射
heat lightning	Wetterleuchten	éclair de chaleur	热闪电

续表

英语	德语	法语	中文
heat of evaporation	Verdamp-fungswärme	chaleur d'évaporation	蒸发热
heat proof	hitzebeständig	résistant à la chaleur	隔热
heat pump	Wärmepumpe	pompe de chaleur	热泵
heat radiation	Wärmestrahlung	radiation thermique	热辐射
heat ray	Wärmestrahlung	rayonnement thermique	热射线
heating	Heizung	chauffage	加热
hecto	Hekto	hecto	百
height of construction	Bauhöhe	hauteur de construction	建筑高度
heliocentric	heliozentrisch	héliocentrique	日心的
heliotype	Lichtdruck	heliotype	胶板
hemispherical (solar) radiation	hemisphärische Sonnenstrahlung	rayonnement hémisphé-rique (solaire)	半球（太阳）辐射
hermetic	hermetisch	hermétique	密封的
high tension	Hochspannung	haute tension	高压
hook	Haken	crochet	吊钩
hot	heiß	chaud	热
hour	Stunde	heure	小时
housing	Gehäuse	boîtier	外壳
housing connection	Masseanschluss	liaison de masse	连接点
humidity	Feuchtigkeit	humidité	湿度
hygrometer	Feuchtemesser	hygromètre	湿度计
hysteresis	Hysterese	hystérèsis	迟滞现象
hysteresis error	Hysteresefehler	erreur d'hystérésis	滞后误差
	I		
ice point	Eispunkt	point de glace	冰点
identification mark	Iden-titätszeichen	signe distinctif ou d'identification	识别标记

续表

英语	德语	法语	中文
illuminance	Beleuchtung-sstärke	illuminance	照度
illuminated dial display	Leuchtbildanzeige	affichage lumineux	照明表盘显示
illumination	Beleuchtung	luminosité	照明
incident angle	Einfallswinkel	angle d'incidence	入射角
indicating range	Anzeigebereich	gamme d'affichage	刻度范围
indication	Anzeige	indication	指示
indication device	Anzeigeeinrich-tung	dispositif indicateur	指示器
indication error	Anzeigefehler	erreur d'indication	读数误差
indicator	Anzeigegerät	indicateur	指示器
influence	Beeinflussung	influence	影响
influence factor	Einflussfaktoren	facteur d'influence	影响因子
influence of measuring lead	Messlei-tungseinfluss	influence du conducteur	测量引线影响
influence quantity	Einflussgröße	grandeur d'influence	影响量
infrared radiation	Infrarot Strah-lung	rayonnement infrarouge	红外辐射
inner bore	Innenbohrung	perçage interne	内孔
input	Eingang	entrée	输入
input impedance	Eingang-swiderstand	resistance d'entrée	输入阻抗
input resistance	Eingang-swiderstand	resistance d'entrée	输入电阻
input signal	Eingangssignal	signal d'entrée	输入信号
installation	Installation	installation	安装
installation guidelines	Einbauricht-linien	conseils de montage	安装指南

续表

英语	德语	法语	中文
installation instruction	Einbau-vorschriften	instructions de montage	安装说明
insulation	Isolierung	isolation	绝缘
insulation resistance	Isolation-swiderstand	résistance d'isolation	绝缘电阻
integration	Integration	intégration	集成
integration time	Integrationszeit	temps d'intégration	积分时间
intensity	Intensität	intensité	强度
interference free	störungsfrei	sans interférence	无干扰
interference radiation	Störstrahlung	radiation d'interférence	辐射干扰
interference suppres-sion	Störsignalun-terdrückung	suppression de l'inter-férence	干扰抑制
internal resistance	Innenwiderstand	résistance interne	内部电阻
interruption	Aussetzen	interruption	中断
inversion	Inversion	inversion	反转、逆温
irradiance	Bestrahlung	irradiance	辐照度
average irradiance	mittlere Be-strahlung	taux irradiance	平均辐照度
irradiation	Strahlungsin-tensität	irradiation	照射
isobar	Isobar	isobar	等压线
isohel	isohel	isohel	等日照线
isorad	isorad	isorad	等辐照度线
isotherm	Isotherm	isotherme	等温线
iteration	Wiederholung	répétition	循环
J			
J (Joule)	J (Joule)	J (Joule)	焦耳
jumper	Kur-zschlussbrücke	sauteur	跳线

续表

英语	德语	法语	中文
		K	
k (kilo)	k (kilo)	k (kilo)	千
Kelvin	Kelvin	Kelvin	开尔文
keyboard	Tastatur	clavier	键盘
		L	
laboratory measurement equipment	La-bor-Messgeräte	équipement de mesure de laboratoire	实验室测量仪器
laboratory test	Laborversuch	expérience de laboratoire	实验室测试
LASER	Laser	laser	激光
lateral load	Querlast	charge latérale	横向负荷
law of units of meas-urement	Einheitengesetz	loi sur les unités de mesure	计量单位法则
lead	Leitung	conducteur	导线
LED	LED	LED	发光二极管
level	Niveau	niveau	等级、电平
level indicator	Libelle	indicateur de niveau	电平指示器
levelling device	Nivelliereinrichtung	dispositif de mise de niveau	调平装置
lever	Hebel	levier	杠杆
lever arm	Hebelarm	bras de levier	杠杆臂
liability	Haftung	responsabilité	责任
LIDAR (light detection and ranging)	LIDAR	LIDAR	激光雷达
life cycle	Lebensdauer	cycle de vie	生命周期
light	Licht	lumière	光
light absorption	Lichtabsorption	absorption de lumière	光吸收
light beam	Lichtstrahl	rayon de lumière	光束
light cone	Lichtkegel	cône de lumière	光锥
light diffusion	Lichtstreuung	diffusion de la lumière	光扩散

续表

英语	德语	法语	中文
light emitting diode	Leuchtdiode	diode d'émission de lumière	发光二极管
light intensity	Lichtstärke	intensité lumineuse	光强
light scatter	Lichtstreuung	diffusion de la lumière	光散射
light source	Lichtquelle	source de lumière	光源
lightning protection	Blitzschutz	protection contre la foudre	防雷
lightning stroke	Blitzschlag	coup de foudre	雷击
limit	Toleranz	tolérance	极限
limit value	Grenzwert	valeur limite	极限值
limitation mark	Begren-zungszeichen	indicateur de limitation	限制标记
limiting temperature range	Grenztempera-turbereich	gamme de limite de température	限定温度范围
limits of error	Fehlergrenzen	erreurs maximales tolérées	误差极限
linearity	Linearität	linéarité	线性度
linearity error	Linearitätsfeh-ler	erreur de linéarité	线性误差
linearizing	Linearisierung	linéarisation	线性化
line-scale base	Skalengrundlinie	base de l'échelle	线尺度基数
litz wire	Kupferlitze	tresse de cuivre	绞合线
load	beladen	charger	负载
load capacity	Belastbarkeit	capacité de chargement	负载能力
loading direction	Belas-tungsrichtung	direction de la charge	加载方向
lock washer	Unterlegscheibe	rondelle	防松垫圈
locking device	Arretierein-richtung	dispositif de blocage	锁紧装置

续表

英语	德语	法语	中文
long term measurement	Langzeitmessung	mesure à long terme	长期测量
long term stability	Langzeitstabilität	stabilité à long terme	长期稳定性
long wave radiation	langwellige Strahlung	radiation de longues fréquences	长波辐射
longitudinal axis	Längsachse	axe longitudinal	纵轴
long-term drift	Langzeitdrift	dérive à long terme	长期漂移
lumen	Lumen	lumen	流明
luminance	Leuchtdichte	luminance	亮度
luminous numerical display	Leuchtziffernanzeige	écran numérique lumineux	发光数字显示
M			
M (Mega)	M (Mega)	M (Mega)	兆
mA	mA	mA	毫安
main indication	Hauptanzeige	indication principale	主要征兆
maintenance	Wartung	maintenance	维护
male connector	Stecker	connecteur mâle	插头
marking	Aufschrift	marquage	标记
mass	Masse	masse	质量
mass of filling	Füllmenge	quantité de remplissage	填充质量
match	anpassen	adapter	匹配
material characteristic	Materialeigenschaft	caractéristique du matériau	材料特性
maximum capacity	Tragfähigkeit	portée maximale	最大容量
measurable	messbar	mesurable	可测量的
measure of scatter	Streumaß	mesure de la diffusion	散射测量
measured quantity	Messgröße	quantité mesurée	测定量
measured signal	Messsignal	signal mesurée	被测信号
measurement	Messung	mesure	测量

续表

英语	德语	法语	中文
measurement accuracy	Messgenauigkeit	précision de mesure	测量精度
measurement period	Messzeitraum	période de mesure	测量周期
measurement setup	Messaufbau	établissement de la mesure	测量装置
measurement site	Messort	site de mesure	测量地点
measurement uncertainty	Messunsicherheit	incertitude de mesure	测量不确定性
measuring area	Messfläche	aire de mesure	测量面积
measuring cable	Messkabel	câble de mesure	测量电缆
measuring chain	Messkette	chaîne de mesure	测量链
measuring channel	Messkanal	voie de mesure	测量通道
measuring device	Messgerät	outil de mesure	测量装置
measuring duration	Messdauer	temps de mesure	测量时间
measuring electronics	Messelektronik	electronique de mesure	测量电子学
measuring element	Messelement	elément sensible	测量元件
measuring equipment	Messeinrichtung	équipement de mesure	测量仪器
measuring error	Messfehler	erreur de mesure	测量误差
measuring junction	Messstelle (eines Thermopaares)	jonction de mesure	测量连接点
measuring lead	Messleitung	câble de mesure	测量导线
measuring method	Messmethode	méthode de mesure	测量方法
measuring point	Messort	point de mesure	测量点
measuring procedure	Messverfahren	procédure de mesure	测量过程
measuring range	Messbereich	plage de mesure	测量范围
measuring range selector	Messbereichsumschalter	sélecteur de sensibilités	测量范围选择器
measuring resistor	Messwiderstand	mesure de résistance	测量电阻
measuring result	Messergebnis	résultat de mesure	测量结果
measuring system	Messsystem	système de mesure	测量系统

续表

英语	德语	法语	中文
measuring technique	Messtechnik	technique de mesure	测量技术
measuring time	Messzeit	temps de mesure	测量时间
measuring value	Messwert	valeur mesurée	测量值
measuring value memory	Messwertspeicher	mémoire de la valeur mesurée	测量值内存
medium	Medium	moyen	媒介
mega	Mega	mega	兆
Megahertz	Megahertz	Mégahertz	兆赫兹
Megohm	Megaohm	Mégaohm	兆欧
melting point	Schmelzpunkt	point de fonte	熔点
mercury	Quecksilber	mercure	水银
mercury pressure gauge	Quecksilber-manometer	jauge de pression de mercure	水银压力计
meteorology	Meteorologie	météorologie	气象学
meter	Meter	mètre	米
metric	metrisch	métrique	公制的
metrological property	Messtechnische Eigenschaft	propriété mét-rologiques	计量学特性
MHz	MHz	MHz	兆赫兹
micro sensor	Miniaturauf-nehmer	micro-capteur	微型传感器
micro technology	Mikrotechnologie	micro-technologie	微科技
milli	milli	milli	毫
milliampere	Milliampere	milliampère	毫安
millibar	Millibar	millibar	毫巴
millimetre	Millimeter	millimètre	毫米
millimetre mercury	Millimeter Quecksilbersäule	millimètre mercure	毫米汞柱

续表

英语	德语	法语	中文
millimetre water column	Millimeter Wassersäule	colonne d'eau millimètre	毫米水柱
millisecond	Millisekunde	milliseconde	毫秒
millivolt	Millivolt	millivolt	毫伏
min	min (Minute)	min	分钟
minimum distance	Mindestabstand	espace minimum	最小距离
minimum utilisation range	Mindestanwendungsbereich	gamme d'utilisation minimum	最小使用范围
mirror	Spiegel	miroir	反射镜
misbehaviour	Fehlverhalten	mauvaise conduite	不当行为
misload	Fehlbelastung	Charge d'erreur	误载
mm (millimetre)	mm	mm (millimètre)	毫米
mm Hg (millimetre of mercury)	mm Hg	mm Hg (millimètre de mercure)	毫米汞柱
mobility	Beweglichkeit	mobilité	移动性
Modem (Modulation / Demodulation)	Modem (Modulation / Demodulation)	modem (modulation/démodulation)	调制解调器
modification	Abänderung	modification	修改
modulation	Modulation	modulation	调制
module	Modul	module	模块
moisture	Feuchtigkeit	humidité	湿气
moisture protection	Feuchteschutz	protection contre l'humidité	防潮
moment	Moment	moment	瞬间
monitoring	Überwachung	enregistrement	监测
mounting	Montage	montage	安装
mounting advice	Einbauhinweis	conseil de montage	安装建议
mounting aids	Einbauhilfe	accessoires de montage	安装辅助

续表

英语	德语	法语	中文
mounting assembly	Einbaumodul	Module de montage	安装集成
mounting example	Einbaubeispiel	exemple de montage	安装参考范例
mounting instruction	Montageanlei-tung	instructions de montage	安装说明
mounting module	Montagebausatz	set de montage	安装模块
mounting plate	Befestigung-splatte	lame de fixation	安装盘
mounting surface	Montagefläche	surface de montage	安装面
multiplication	Multiplikation	multiplication	倍增
mv (millivolt)	mV	mV (millivolt)	毫伏
N			
n (nano)	n (Nano)	n (Nano)	纳
nano	Nanometer	nanomètre	纳米
natural frequency	Eigenfrequenz	fréquence propre	固有频率
net	netto	net	净
net weight	Nettogewicht	poids net	净重
noise	Rauschen	bruit	噪声
nominal measuring range	Nennmessbereich	gamme de mesure nominale	标称测量范围
nominal sensitivity	Nennkennwert	sensibilité nominale	标称灵敏度
non-conformity of a curve	Kennlinienabweichung	non-conformité d'une courbe	曲线不一致
non-linearity	Nichtlinearität	non-linéarité	非线性度
non-selective surface	unselektive Oberfläche	surface non sélective	非选择性表面
NTC resistor	NTC-Widerstand	résistance NTC	负温度系数热敏电阻
numeric display	Digitalanzeiger	affichage numérique	数字显示
numeric indication	Digitalanzeige	indication numérique	数字指示器

续表

英语	德语	法语	中文
O			
obliqueness	Schrägstellung	inclinaison	倾斜
OIML-recommendation	OIML-Empfehlung	recommendation OIML	国际法定计量组织推荐
open system	offenes System	système ouvert	开放系统
operating manual	Bedienung-sanleitung	manuel d'emploi	操作手册
operation	Betrieb	fonctionnement	操作、运行
operation temperature range	Nenntempera-turbereich	température de fonc-tionnement (gamme)	工作温度范围
operational fault	Funktionsfehler	panne fonctionnelle	操作故障
operational reliability	Betriebssicher-heit	fiabilité	使用可靠性
operator	Bedienungsper-son	opérateur	操作员
operator dialogue	Bedienerdialog	dialogue opérateur	操作员对话框
optical axis	optische Achse	axe optique	光轴
optical set-up	optischer Aufbau	installation optique	光学装置
optimization	Optimierung	optimiser	优化
orientation (angle)	Ausrichtung (Winkel)	angle d'orientation	方向（角度）
output	Ausgabe	émission	输出
output resistance	Ausgang-swiderstand	resistance de sortie	输出阻抗
output signal	Ausgangssignal	signal de sortie	输出信号
outside air	Aussenluft	air extérieur	外部空气
overload	Überlast	surchargé	过载
ozone	Ozon	ozone	臭氧
ozone layer	Ozonschicht	couche d'ozone	臭氧层

续表

英语	德语	法语	中文
P			
package	Packung	emballage	包装
pair of cores	Aderpaar	paire de conducteurs	双核
parallax	Parallaxe	parallax	视差
parallel connection	Parallelschal-tung	branchement en parallèle	并联
parameter	Parameter	paramètre	参数
pattern approval sign	Zulas-sungszeichen	symbole d'approbation	型式批准标志
pattern approval test-ing	Bauartprüfung	examen en vue de l'approbation de classe	型式验收实验
Peltier effect	Peltiereffekt	effet Peltier	珀尔帖效应
Peltier element	Peltierelement	élément Peltier	珀尔帖元件
percentage scale	Prozentskale	échelle en pourcentage	百分比量表
performance	Leistung	performance	性能
perihelion	sonnennächster Punkt	perihélie	近日点
permissible	zulässig	acceptable	容许的
photo cell	Photozelle	cellule photo	光电池
photo diode	Fotodiode	photodiode	光电二极管
photo semiconductor	Fotohalbleiter	photo semiconducteur	光电半导体
photocell	Fotowiderstand-szelle	photocelulle	光敏电阻
photoelectric effect	Fotoelektrischer Effekt	effet photoélectrique	光电效应
photometer	Lichtstärkemes-ser	photomètre	光度计
phototransistor	Fototransistor	phototransistor	光电晶体管
pilot plant	Versuchsanlage	usine pilote	试验工场

续表

英语	德语	法语	中文
pivot	Zapfen	pivot – axe	支点
place of installation	Aufstellungsort	lieu d'installation	安装地点
place of use	Gebrauchsort	lieu d'utilisation	使用地点
plane	eben	plane	平面
plane surface	Oberfläche, plane	surface plane	平面表面
platform	Plattform	plateforme	平台
plug	Stecker	prise	插头
plug connection	Steckeranschluss	connexion	插头连接
pointer	Zeiger	curseur	指针
polarisation characteristics	Polarisationsverhalten	caractéristiques de polarisation	偏振特性
potable	trinkbar	potable	便携的
preamplifier	Vorverstärker	préamplificateur	前置放大器
precipitation	Niederschlag	précipitation	沉淀
precise	genau	précis	精确的
precision	Präzision	précision	精度
preparatory measures	vorbereitende Maßnahme	mesures préparatoires	初步措施
pressure	Druck	pression	压力
pressure direction	Druckrichtung	direction de la pression	压力方向
pressure load	Druckbelastung	charge de pression	压力载荷
primary standard pyrheliometer	Primär Standard Pyrheliometer	pyrhéliomètre étalon primaire	基准级太阳热量计
print	Abdruck	impression	打印
probe tip	Messspitze	sonde	探针
process	Prozess	procédé	处理
processing device	Auswerteeinrichtung	dispositif processeur	处理装置

续表

英语	德语	法语	中文
proportionality	Proportionalität	proportionalité	比例
proportioning	dosieren	doser	配比
protection against corrosion	Korrosionsschutz	protection contre la corrosion	防锈保护
protection class	Schutzart	classe de protection	防护等级
protection ground	Schutzleiter	protection de mise à la terre	保护地
PTC resistor	PTC-Widerstand	résistance PTC	正温度系数热敏电阻
pyranometer	Pyranometer	pyranomètre	日射强度计
pyrgeometer	Pyrgeometer	pyrgéomètre	地面辐射强度计
pyrheliometer	Pyrheliometer	pyrhéliomètre	太阳热量计
pyrometer	Pyrometer	pyromètre	高温计
pyrradiometer	Pyrradiometer	pyrradiomètre	全辐射计
		Q	
quantity	Menge	quantité	数量
quarter bridge	Viertelbrücke	pont de quart	四分之一电桥
quartz	Quarz	quartz	石英
quasi-steady state	quasi unverän-derlicher Zustand	état quasi stable	准稳定状态
		R	
Radar (Radio detection and ranging)	Radar	Radar	雷达
radiant energy	Strahlungsen-ergie	énergie radiante	辐射能量
radiant flux	Strahlenfluss	flux radiant	辐射通量
radiation	Strahlung	radiation	辐射

续表

英语	德语	法语	中文
radiometer	plattform	radiomètre	辐射计
rain	Regen	pluie	雨
random	Zufall	aléatoire	随机
random error	zufällige Messabweichung	erreur aléatoire	随机误差
range of use	Verwendungs-bereich	domaine d'utilisation	使用范围
range of zero setting device	Nullstellbereich	étendue de réglage de zéro	调零装置范围
range selection	Bereichsum-schaltung	gamme de mesure	量程选择
rate of change	Änder-ungsgeschwindigkeit	taux de change	变化率
reaction	Rückwirkung	réaction	反应
ready for operation	betriebsbereit	prêt à fonctionner	操作就绪
recalibration	Nachkalibrierung	recalibration	重新校正
receiver	Empfänger	récepteur	接收器
receiving surface	Empfangsfläche	surface de réception	接收面
recipe	Rezept	recette	配方
recommended value	Richtwert	valeur recommandée	推荐值
reference	Vergleichswert	référence	参考
reference conditions	Referenzbed-ingungen	conditions de référence	参比条件
reference element	Referenzelement	élément de référence	基准元件
reference temperature	Referenztem-peratur	température de réfé-rence	基准温度
reflectance	Reflexionsgrad	réflexion	反射率
reflectance, hemi-spherical	hemisphärische Reflexion	réflexion hémisphé-rique	反射率、半球

续表

英语	德语	法语	中文
reflexion	Reflexion	réflexion	反射
refraction	Brechung	réfraction	折射
registration	Registrierung	enregistrement	注册
registration device	Registriergerät	appareil enregistreur	定位装置
relation	Beziehung	relation	关系
relative error of measurement	relative Messa-bweichung	erreur relative de mesure	测量相对误差
relay	Relais	relais	继电器
reliability	Zuverlässigkeit	conformité	可靠性
remote control	Fernsteuerung	commande à distance	遥控
remote indication	Fernanzeige	indicateur á distance	远距离指示
repeatability	Wiederholbarkeit	répétabilité	重复性
reproducecible	reproduzierbar	reproductible	可再现
reproducibility	Reproduz-ierbarkeit	reproductibilité	再现性
requirement	Anforderung	exigence	要求
resistor	Widerstand	résistance	电阻
resolution	Auflösung	résolution	分辨率
resonance	Resonanz	résonance	共振
response	Antwort	réponse	响应
response behaviour	Ant-wortverhalten	comprtement de la ré-ponse	响应行为
response sensivity	Ansprechemp-findlichkeit	sensibilité de résponse	响应灵敏度
response threshold	Ansprechschwelle	seuil de mobilité	响应阈值
response time	Ansprechdauer	temps de réponse	响应时间
rest position	Ruhelage	position de repos	静止位置
result	Resultat	résultat	结果
retainer	Anschlag	butoir	挡板

续表

英语	德语	法语	中文
reversible	reversibel	réversible	可逆的
right angled spirit levels	Kreuzlibelle	niveau d'eau croisé	直角水准仪
rise time	Anstiegszeit	temps de montée	上升时间
rod	Stab	barreau	杆
rounding error	Rundungsfehler	erreur d'arrondissage	化整误差
rules of installation	Aufstellungs-regeln	règles d'installation	安装规则
run-up time	Vorlaufzeit	temps de course	启动时间
S			
s (sec)	s (sekunde)	s (sec)	秒
scale	Skala	échelle	刻度
scale division	Skalenteil	échelon	分刻度
scattering	Streuung	écartement	散射
scattering angle	Streuwinkel	angle d'écartement	散射角
scope of delivery	Lieferumfang	étendue de livraison	交货范围
screw	Schraube	vis	螺丝
seal	plombieren	plomber	密封
sec	sek (Sekunde)	seconde	秒
second	Sekunde (Zeit)	seconde	秒
second of arc	Sekunde (Bogen)	seconde (arc)	弧秒
secondary standard pyrheliometer	Sekundär Standard Pyrhe-liometer	pyrhéliomètre étalon secondaire	副基准级太阳热量计
security	Sicherheit	sécurité	安全
security regulations	Sicher-heitsvorschrift-en	règles de sécurité	安全规范
selection	Auswahl	sélection	选择

续表

英语	德语	法语	中文
selection device	Umschalteinrichtung	dispositif de sélection	选择装置
selective surface	selektive Oberfläche	surface sélective	选择性表面
sensibility range	Kennwertbereich	gamme de sensibilités	灵敏度范围
sensing line	Fühlerleitung	détecteur	探测线
sensitivity	Empfindlichkeit	sensibilité	灵敏度
sensitivity adjusting device	Empfindlichkeitseinsteller	dispositif de réglage de sensibilité	灵敏度调节装置
sensitivity tolerance	Kennwerttoleranz	tolérance de la sensibilité	灵敏度误差
sensor	Sensor	capteur	传感器
serial interface	serielle Schnittstelle	interface en série	串行接口
series	Typenreihe	gamme	串联
series resistance	Reihenwiderstand (physikalisch)	résistance séries	串联电阻器
series resistor	Reihenwiderstand (Bauelement)	résistance séries	串联电阻
service temperature range	Gebrauchstemperaturbereich	plage d'utilisation en température	使用温度范围
set point	Schaltpunkt	point de tri	设定值
set to zero	Nullstellen	mettre á zéro	置零
setting index	Einstellmarke	index de réglage	设置索引
setting range	Einstellbereich	gamme de réglage	设置范围
setting value	Einstellwert	valeur de réglage	设定值
shade	Schatten	ombre	遮光

续表

英语	德语	法语	中文
shading device	Abschattvorrich-tung	dispositif d'ombrage	遮光器件
shielded wire	Leitung, abges-chirmt	câble de sécurité	屏蔽线
shielding	abschirmen	protection	屏蔽
shock resistance	Stoßfestigkeit	résistance aux chocs	抗震
short circuit	Kurzschluss	court-circuit	短路
short-time stability	Kurzzeitstabil-ität	stabilité court terme	短期稳定性
short-time test	Kurzzeitversuch	test de courte durée	短期测试
shortwave radiation	kurzwellige Strahlung	radiation onde courte	短波辐射
shunt	Neben-ben-schlusswiderstand	résistance de dériva-tion	分流
side force	Seitenkraft	force latérale	侧向力
silicagel	Silikagel	silicagel	硅胶
silicon	Silizium	silicium	硅
skin effect	Hauteffekt	effet sur la peau	集肤效应
sky radiation	Himmelsstrahlung	radiation du ciel	天空辐射
slope angle	Böschungswinkel	angle de la pente	倾斜角度
software	Software	logiciel	软件
solar activity	Sonnentätigkeit	activité solaire	太阳活动
solar altitude	Höhenwinkel der Sonne	altitude du soleil	太阳高度
solar azimuth	Azimutwinkel der Sonne	azimuth solaire	太阳方位角
solar cell	Solarzelle	cellule solaire	太阳能电池
solar constant	Solarkonstante	constante solaire	太阳常数

续表

英语	德语	法语	中文
solar contribution	solare Mitwirkung	contribution solaire	太阳能贡献
solar declination	Solarneigung	déclinaison solaire	太阳赤纬
solar eclipse	Sonnenfinsternis	éclipse solaire	日食
solar energy	Solarenergie	énergie solaire	太阳能
solar flux	Sonnenenergiefluss	flux solaire	太阳辐射通量
solar irradiance simulator	Bestrahlungssimulator	simulateur de l'irradiation solaire	太阳辐射模拟器
solar irradiation	Sonnenbestrahlung	rayonnement solaire	太阳辐照
solar noon	Mittag (auf die Sonne bezogen)	lune solaire	正午太阳
solar only system	systematische Messabweichung	système solaire seul	太阳能独立系统
solar radiation	Solarstrahlung	radiation solaire	太阳辐射
solar spectrum	Solarspektrum	spectre solaire	太阳光谱
solar time	Sonnenzeit	heure solaire	太阳时
solarimeter	Solarimeter	solarimètre	日射表
solstice	Sonnenwende	solstice	至日
spark	Funken	étincelle	火花
spectra	Spektrum	spectre	光谱
spectra analysis	Spektralanalyse	analyse spectrale	光谱分析
spectral distribution	spektrale Strahlungsverteilung	distribution spectrale	光谱分布
spectral filter	Farbfilter	filtre spectral	滤光片
spectral pyranometer	Spektralpyranometer	pyranomètre spectral	光谱日射强度计

续表

英语	德语	法语	中文
spectral radiant intensity	spektrale Strahlungsintensität	intensité du rayonnement spectral	光谱辐射强度
spectral sensitivity	spektrale Empfindlichkeit	sensibilité spectrale	光谱灵敏度
spectro radiometer	Spektroradiometer	spectroradiomètre	光谱辐射计
speculum	Spiegel	spéculum	反射镜
speed of light	Lichtgeschwindigkeit	vitesse de la lumière	光速
speed of paper	Papiergeschwindigkeit	vitesse de défilement du papier	记录纸移动速度
spirit level	Wasserwaage	niveau à bulle	水平仪
spot check	Stichprobe	vérification	抽查
stability	Messbeständigkeit	stabilité	稳定性
stability of zero	Nullpunktstabilität	stabilité du zéro	零点稳定性
stability test	Stabilitätsprüfung	essai de stabilité	稳定性测试
stainless steel	Edelstahl	acier inoxydable	不锈钢
stamp	stempeln	marquer	印章
standard	Normal	étalon	标准
standard barometric pressure	barometrischer Standarddruck	pression barométrique standard	标准大气压
standard climate	Normklima	climat normal	标准气候
standard conditions	Normalbedingungen	conditions normales	标准条件

续表

英语	德语	法语	中文
standard deviation	Standardabweichung	écart type	标准偏差
standard pyrheliometer	Standard Pyrheliometer	pyrhéliomètre étalon	标准太阳热量计
standardize	normieren	standardiser	标准化
standby condition	Bereitschaftszustand	condition d'attente	待机状态
static	statisch	statique	静态
statistical processing	statistische Bearbeitung	procédé statistique	统计处理
stiffener	Versteifung	contrefort	扶强材
storage device (thermal)	thermales Speichergerät	dispositif de stockage	存储设备
storage temperature range	Lagerungstemperaturbereich	température de stockage	存储温度范围
strain	Dehnung	tension	应变
stress	Beanspruchung	stress	压力
suitability	Tauglichkeit	convenance	适用性
sum	Summe	somme	总和
sun	Sonne	soleil	太阳
sun recorder	Heliograph	héliographe	太阳记录器
sun-path diagram	Verlauf des Sonnenpfades	diagramme trajectoire du soleil	太阳行程图
sunpower	Sonnenenergie	puissance solaire	太阳能量
sunrise	Sonnenaufgang	lever du soleil	日出
sunset	Sonnenuntergang	coucher du soleil	日落
sunshine	Sonnenschein	luminosité solaire	日照
sunshine recorder	Sonnenschein-schreiber	enregistreur de radiation solaire	日照记录器

续表

英语	德语	法语	中文
support	abstützen	soutenir	支撑
support bearing	Lager	palier	支撑轴承
support rollers	Tragrollen	rouleaux porteurs	托索轮组
support structure	Unterbau	fondation	支撑结构
supporting force	Auflagekraft	force d'appui	支撑力
supporting point	Auflagepunkte	point d'appui	支撑点
surface	Oberfläche	surface	表面
surface temperature	Oberflächen-temperatur	température à la surface	表面温度
surface treatment	Oberflächen-behandlung	traitement de surface	表面处理
surge arrester	Überspannung-sableiter	dispositif d'arrêt de surtension	电涌放电器
surroundings	Umgebung	environnement	周围环境
switch	Schalter	commutateur	开关
switch off	ausschalten	éteindre	关闭
symbol of units of measurement	Einheiten-zeichen	symbole des unités de mesure	计量单位符号
systematic error	systematische Messabweichung	erreur systématique	系统误差
T			
tank	Behälter	réservoir	油箱
tank capacity	Tankinhalt	capacité du réservoir	油箱容量
technical atmosphere	technische Atmosphäre	atmosphère technique	工业大气压
technical data	technische Daten	données techniques	技术数据
temperate climate	gemäßigtes Klima	climat tempéré	温带气候
temperature	Temperatur	température	温度

续表

英语	德语	法语	中文
temperature balance	Temperaturausgleich	balance de température	温度平衡
temperature chamber	Temperaturschrank	chambre de température	热处理箱
temperature coefficient	Temperaturkoeffizient	coefficient de température	温度系数
temperature compensation	Temperaturkompensation	compensation de température	温度补偿
temperature constancy	Temperaturkonstanz	constance de température	温度恒定性
temperature convection	Wärmekonvektion	convection de la température	温度对流
temperature course	Temperaturverlauf	course de la température	加温处理
temperature dependence	Temperaturabhängigkeit	dépendance de la température	与温度相关
temperature deviation	Temperaturschwankung	deviation de température	温度偏差
temperature drop	Temperaturabfall	goutte	温度下降
temperature gradient	Temperaturgradient	gradient de température	温度梯度
temperature influence	Temperatureinfluss	influence de la température	温度影响
temperature inversion	Temperaturumkehr	inversion de température	温度反转
temperature measurement	Temperaturmessung	mesure de température	温度测量

续表

英语	德语	法语	中文
temperature range	Tempera-turbereich	gamme de température	温度范围
temperature response	Tempera-turverhalten	réponse de température	温度响应
temperature rise	Temperaturan-stieg	hausse de température	温升
temperature sensitive	temperaturemp-findlich	sensibilité à la température	热敏的
temperature sensor	Tempera-turfühler	capteur de température	温度传感器
temperature stability	Tempera-turbestän-digkeit	stabilité de température	温度稳定性
temperature, ambient air	Umgebungstem-peratur	air ambiant	温度、环境空气
tempest	Sturm	tempête	暴风雨
temporary	zeitweise	temporaire	瞬态的
tender	Angebot	appel d'offre	轻柔
tension	Spannung (mechanisch)	tension	张力
tension rope	Spannseile	câble de tension	拉紧绳
tensional direction	Zugrichtung	direction de la tension	拉伸方向
tensional load	Zugbelastung	conducteur de tension	拉伸载荷
terminating resistor	Ab-schlusswiderstand	résistance	终端电阻
test circuit	Kontrollschal-tung	circuit de contrôle	测试电路
test input	Messeingang	entrée test	测试输入

续表

英语	德语	法语	中文
test method	Prüfmethode	méthode de test	测试方法
test piece	Prüfling	unité de test	试样
test program	Prüfprogramm	programme d'essai	测试程序
test report	Prüfbericht	protocole d'essai	测试报告
test result	Prüfergebnis	résultat d'essai	测试结果
test site	Messgelände	site de test	试验场地
test specification	Prüfvorschrift	spécification de test	测试规范
test voltage	Prüfspannung	test tension	测试电压
testing	Prüfen	test	测试
thermal zero shift	thermische Änderung des Nullsignales	déviation du zéro	热零点漂移
thermistor	Thermistor	thermistance	热敏电阻
thermo convection	Thermokonvek-tion	convection thermique	热对流
thermo effect	Thermoeffekt (See-beck-Effekt)	effet thermique	热效应
thermo pile	thermoel-ektrische Säule	thermopile	热电堆
thermocouple	Thermoelement	thermocouple	热电偶
thermometer	Thermometer	thermomètre	温度计
thread	Gewinde	fil	螺纹
thread hole	Gewindeloch	taraudage	螺纹孔
tightening momentum	Anzugsmoment	Couple de démarrage	紧固力距
tilt error	Neigungseinfluss	erreur d'inclinaison	倾斜误差
tilt response	Neigungsverhalten	réponse d'inclinaison	倾斜响应
time constant	Zeitkonstante	constance de temps	时间常数

续表

英语	德语	法语	中文
time response	Zeitverhalten	temps de réponse	时间响应
torque	Drehmoment	couple	扭矩
torsion	Verdrehung	torsion	扭力
total error	Gesamtfehler	erreur totale	总误差
total incident radiation	gesamt einfallende Strahlung	influence du rayonnement total	总入射辐射
traceability	Rückführbarkeit	traçabilité	可追溯的
tracking error	Nachlauffehler	erreur de poursuite	跟踪误差
transducer	Aufnehmer	convertisseur	转换器
transducer cable	Aufnehmerkabel	câble de convertisseur	转换器电缆
transmission of measured values	Messwertübertragung	transfert de données	测量数据传输
transmitter	Sender	transmetteur	发射机
transport locking device	Transportsicherung	dispositif de blocage de transport	运输锁紧装置
turbulence	Turbulenz	turbulence	湍流
twilight	Zwielicht	crépuscule	暮光
type	Typ	type	种类
type of protection	Schutzart	degré de protection	保护类型
U			
ultraviolet radiation	Ultraviolett Strahlung	rayonnement ultraviolet	紫外线辐射
uncertainty	Unsicherheit	incertitude	不确定性
universal instrument	Vielfachinstrument	instrument unviversel	通用仪表
upper part	Oberteil	partie supérieure	上部
UV	UV	UV	紫外线

续表

英语	德语	法语	中文
		V	
validity	Gültigkeit	validité	有效
variability	Veränderlichkeit	variabilité	可变性
variation	Änderung	variation	变化
ventilation slit	Belüftungsspalt	ouverture de ventilation	通风槽
ventilation unit	Belüftungsein-heit	unité de ventilation	通风单元
verification certificate	Eichbeschei-nigung	certificat de vérification	鉴定证书
verification device	Eicheinrichtung	dispositif auxiliaire de vérification	检验装置
verification instruction	Eichanweisung	instruction de vérifica-tion	检验说明
verify	eichen	vérifier	验证
vernier	Nonius	vernier	游标尺
vibration	Schwingung	vibration	振动
vibration damper	Vibra-tionsdämpfer	amortisseur	减震装置
vibration damping	Schwingungsdämp fung	amortissement de vibration	减震
view angle	Gesichtsfeld-winkel	angle de vue	视角
visibility	Sicht	visibilité	能见度
visible radiation	sichtbare Strahlung	rayonnement visible	可见光
voltage	Spannung (elektrisch)	tension	电压
voltmeter	Voltmeter	voltmètre	电压表

续表

英语	德语	法语	中文
W			
W (Watt)	W (Watt)	W (watt)	瓦特
warm up time	Anwärmzeit	temps de préchauffage	预热时间
warranty	Garantie	garantie	保证书
wavelength	Wellenlänge	longueur d'onde	波长
weather	Wetter	temps	天气
weight	Gewicht	poids	重量
Wheatstone bridge	Wheatstone'sche Brücke	pont de Wheatstone	惠斯通电桥
Wind	Wind	vent	风
wind direction	Windrichtung	direction du vent	风向
wind forces	Windkräfte	forces du vent	风力
wind speed	Windgeschwindigkeit	vitesse du vent	风速
wind vane	Windfahne	girouette	风向标
wire	Ader	conducteur	电线
wireless transmission	drahtlose Übertragung	transmission sans fil	无线传输
World Radiometric Reference (WRR)	Welt Strahlungs Referenz	référence radiométrique mondiale	世界辐射测量基准
Z			
zenith	Scheitelpunkt	zénith	天顶
zenith angle	Sonnenstandswinkel	angle du zénith	天顶角
zenith angle of sun	Sonnenstand	angle du zénith (soleil)	太阳天顶角
zero drift	Nullpunktdrift	déviation du zéro	零点漂移
zero indicating device	Nullanzeigeeinrichtung	dispositif indicateur de zéro	零点指示装置
zero offset	Null-Offset	zéro offset	零点偏置

续表

英语	德语	法语	中文
zero point	Nullpunkt	point zéro	零点
zero position	Nulllage	position zéro	零点位置
zero setting device	Nullstellein-richtung	dispositif de mise á zéro	零点调整装置
zero signal	Nullsignal	valeur zéro	零位信号
zone of use	Gebrauchszone	zone d'utilisation	使用区

读者调查表

尊敬的读者：

自电子工业出版社工业技术分社开展读者调查活动以来，收到来自全国各地众多读者的积极反馈，他们除了褒奖我们所出版图书的优点外，也很客观地指出需要改进的地方。读者对我们工作的支持与关爱，将促进我们为您提供更优秀的图书。您可以填写下表寄给我们（北京市丰台区金家村 288#华信大厦电子工业出版社工业技术分社　邮编：100036），也可以给我们电话，反馈您的建议。我们将从中评出热心读者若干名，赠送我们出版的图书。谢谢您对我们工作的支持！

姓名：________　　　　性别：□男　□女

年龄：________　　　　职业：________

电话（手机）：______________　　　　E-mail：__________________

传真：____________________　　　　通信地址：__________________

邮编：________________

1. 影响您购买同类图书因素（可多选）：

□封面封底　　□价格　　□内容提要、前言和目录

□书评广告　　□出版社名声

□作者名声　　□正文内容　　□其他________________________

2. 您对本图书的满意度：

从技术角度　　□很满意　　□比较满意

　　　　　　　□一般　　□较不满意　　□不满意

从文字角度　　□很满意　　□比较满意　　□一般

　　　　　　　□较不满意　　□不满意

从排版、封面设计角度　　□很满意　　□比较满意

　　　　　　　□一般　　□较不满意　　□不满意

3. 您选购了我们哪些图书？主要用途？

____

4. 您最喜欢我们出版的哪本图书？请说明理由。

____

5. 目前教学您使用的是哪本教材？（请说明书名、作者、出版年、定价、出版社），有何优缺点？

____

6. 您的相关专业领域中所涉及的新专业、新技术包括：

____

7. 您感兴趣或希望增加的图书选题有：

____

8. 您所教课程主要参考书？请说明书名、作者、出版年、定价、出版社。

____

邮寄地址：北京市丰台区金家村 288#华信大厦电子工业出版社工业技术分社
邮　　编：100036
电　　话：010-88254479　E-mail：lzhmails@phei.com.cn
微 信 ID：lzhairs
联 系 人：刘志红

电子工业出版社编著书籍推荐表

姓名		性别		出生 年月		职称/ 职务	
单位							
专业				E-mail			
通信 地址							
联系 电话				研究方向及 教学科目			
个人简历（毕业院校、专业、从事过的以及正在从事的项目、发表过的论文）							
您近期的写作计划： 您推荐的国外原版图书： 您认为目前市场上最缺乏的图书及类型：							

邮寄地址：北京市丰台区金家村 288#华信大厦电子工业出版社工业技术分社

邮　　编：100036

电　　话：010-88254479　E-mail：lzhmails@phei.com.cn

微 信 ID：lzhairs

联 系 人：刘志红

反侵权盗版声明